国家电网有限公司
STATE GRID
CORPORATION OF CHINA

国调中心
调控运行规定

国家电力调度控制中心　发布

2020版

U0261569

中国电力出版社
CHINA ELECTRIC POWER PRESS

图书在版编目（CIP）数据

国调中心调控运行规定：2020 版 / 国家电力调度控制中心发布. —北京：中国电力出版社，2020.10
ISBN 978-7-5198-4918-4

Ⅰ . ①国…　Ⅱ . ①国…　Ⅲ . ①电力系统调度–规定–中国
Ⅳ . ①TM73–65

中国版本图书馆 CIP 数据核字（2020）第 163188 号

出版发行：中国电力出版社
地　　址：北京市东城区北京站西街 19 号（邮政编码 100005）
网　　址：http://www.cepp.sgcc.com.cn
责任编辑：陈　倩（010-63412512）
责任校对：黄　蓓　朱丽芳
装帧设计：张俊霞
责任印制：石　雷

印　　刷：三河市百盛印装有限公司
版　　次：2020 年 10 月第一版
印　　次：2020 年 10 月北京第一次印刷
开　　本：850 毫米×1168 毫米　32 开本
印　　张：8.5
字　　数：213 千字
印　　数：0001—6000 册
定　　价：28.00 元

《国调中心调控运行规定（2020版）》
修编委员会

主　　　任　朱伟江

副　主　任　王轶禹　胡超凡

委　　　员　皮俊波　庄　伟　刘　东　陕华平

　　　　　　于　钊　贺静波　吕鹏飞

主要起草人　李增辉　王　珅　韦　尊　薛恒宇

　　　　　　王　晶　暴英凯　李承昱　崔　达

　　　　　　叶　俭　张　志　张　怡　马　超

　　　　　　董时萌　张　放　牟佳男　唐　磊

　　　　　　刘　赫　柴润泽　王　扬　王秋楠

　　　　　　贺启飞　杨　良　盛同天　宋鹏程

　　　　　　刘华坤

国调中心关于印发《国调中心调控运行规定》的通知

调调〔2020〕29号

各分部，各省（自治区、直辖市）电力公司，国网信通公司，国网直流中心，中国长江电力股份有限公司，雅砻江流域水电开发有限公司，各国调直调电厂：

为进一步规范国调直调系统调控运行管理，结合工程投产情况，国调中心组织对《国调中心调控运行规定》进行了修编，现予以印发，请各单位遵照执行。

本规定自下发之日起执行。《国调中心关于印发〈国调中心调控运行规定〉的通知》（调调〔2017〕176号）、《宜昌、施州直流调度运行管理说明》（国调第2019-0053号）、《溪洛渡左岸、向家坝、锦东、锦西、官地电厂机组调速器一次调频功能调度运行管理规定》（国调第2018-0055号）、《±800kV昭沂、±1100kV吉泉特高压直流输电系统调度运行管理补充说明》（国调第2018-0168号）、《德阳、宝鸡、复龙、宜宾、锦屏、天山、祁连、宜昌、施州站直流频率控制器调度运行管理规定》（国调第2019-0124号）、《国调中心关于编制第二类运行调度方案的补充说明》（国调第2019-0086号）同时废止。

国家电力调度控制中心（印）

2020年7月1日

目　　录

第1章 总 则

1 说明

1.1　本规定适用于国家电力调度控制中心（简称国调）调管范围内发输变电系统的调控运行管理，主要用于指导相关厂站、设备的调控管理、运行操作和故障处理。与国调有实时调度业务联系的各级调控机构（调控分中心简称分中心、省级调控中心简称省调）以及相关运行、维护单位均应遵守本规定。

1.2　本规定中未明确的部分按《国家电网调度控制管理规程》《特高压交流互联电网稳定及无功电压调度运行规定》《国调直调安全自动装置调度运行管理规定》《国调直调系统继电保护运行规定》及其他规程规定执行。

1.3　本规定解释权归国家电力调度控制中心。

2 操作原则

2.1　国调直调设备：由国调直接下令进行运行调整、倒闸操作的厂、站及线路等相应一、二次设备。国调直调设备统称为直调系统。

2.2　国调许可设备：运行状态变化对国调直调系统运行影响较大的下级调控机构直调设备或厂站管理设备。许可设备状态计划性变更前，下级调控机构值班调度员、值班监控员、厂站运行值班人员和输变电设备运维人员应申请国调许可；许可设备状态发生改变，应及时汇报国调。

2.3　国调根据电网运行需要，可将直调设备授权下级调控机构调度。

3 调度指令

3.1 调度指令是国调调度员履行职责的主要手段，包括调度操作指令、调度操作许可、调度业务指令三类。

3.2 调度操作指令和调度操作许可，主要用于国调直调设备、许可设备的运行方式调整，以及电网发生异常、故障时的设备倒闸操作。

3.3 调度业务指令主要用于国调直调系统发输电计划修改，国调直调、许可设备检修、调试以及临时作业过程中涉及的开工、延期、完工等工作内容的批复，以及其他调度业务工作。

3.4 调度操作指令分为单项操作令、逐项操作令及综合操作令。一般情况，国调直调设备状态变化、直调设备保护装置及安全控制装置投退由国调下令操作，有特殊要求除外。

3.4.1 单项操作令是调度员下达的单一一项操作指令。

3.4.2 逐项操作令是调度员下达的按顺序逐项执行的操作指令，要求受令人按照指令的操作步骤和内容按顺序逐项进行操作。

3.4.3 综合操作令是调度员下达的不涉及其他厂站配合的综合操作任务。其具体的操作步骤和内容由监控员、厂站运行值班人员、输变电设备运维人员按相关规程规定自行拟订。

3.4.4 状态令是调度员下达的只明确设备操作初态和终态的一种操作指令。其具体操作步骤和内容，由监控员、厂站运行值班人员、输变电设备运维人员依据调控机构发布的操作状态令定义和相关运行规程拟订。逐项操作指令票和综合操作指令票可采用状态令的形式填写。

3.5 调度操作许可主要用于以下业务。

3.5.1 国调许可设备的状态变更。

3.5.2 发电机与升压变之间装设开关的国调直调发电机在运行、热备用、冷备用状态之间的转换。

3.5.3 临时性或故障处理等紧急情况下的直调设备状态变更。

3.5.4 国调直调设备进行检修、调试等工作时，在确保安全的前提下，对开关、刀闸、接地刀闸的分合。

3.5.5 故障录波器的投退。

3.5.6 线路串联电容无功补偿装置（简称串补）保护装置的投退。

3.5.7 区域电网间交流联络线区域控制模式调整。

3.5.8 国调直调直流输电系统中：主控站的转换；功率、电流变化率的调整；有功功率和无功功率的控制、运行方式调整；极开路试验（空载加压试验）；直流系统保护的投退；交流滤波器（含接于交流滤波器母线上的并联电容器、电抗器，下同）的状态转换；最后断路器跳闸装置、最后断路器跳闸接收装置的投退；交流断面失电判别装置的投退；直流再启动功能的投退；就地与远方操作权的转移；直流频率控制器（FC）功能的投退；直流动态电压控制策略的投退；在保证安全的前提下，检修或调试设备的操作。

3.5.9 其他规程规定可不使用调度操作指令的操作，但应报国调备案。

3.6 国调许可设备操作流程。

3.6.1 对于国调许可，分中心直调的设备，在设备状态变更前，由调管该设备的分中心向国调提出操作申请，国调批复后进行操作。

3.6.2 对于国调及分中心均许可，省（市、区）调直调的设备，在进行设备状态变更前，应按照调度管理层级逐级申请，并在逐级批复后由调管该设备的省（市、区）调进行操作。

3.6.3 对于国调许可，但非分中心或省（市、区）调直调的设备，在进行设备状态变更前，由设备所属厂站向国调提出操作申请，国调批复后进行操作。

3.6.4 相关分中心许可设备范围正式调整前，对于非分中心许可的国调中心许可、省（市、区）调直调设备的操作流程，应参照国调中心及分中心均许可、省（市、区）调直调设备的操作流程进行操作。

3.7 调度倒闸操作指令票（简称操作票）拟写。

3.7.1 拟写操作票应以停电工作票、临时工作要求、日前调度计划、调试调度实施方案、安全稳定及继电保护相关规定等为依据。拟写操作票前，拟票人应核对现场一、二次设备实际状态。

3.7.2 拟写操作票应做到任务明确、票面清晰，正确使用设备双重命名和调度术语。拟票人、审核人、预令通知人、下令人、监护人必须签字。

3.8 国调调度员应根据相关规程、规定下达调度操作指令，对调度操作指令的正确性负责；相关调控机构调度员、监控员、厂站运行值班人员、输变电设备运维人员应依据相关规程、规定执行调度操作指令，对调度操作指令执行的正确性和及时性负责。

3.9 操作指令票分为计划操作指令票和临时操作指令票。计划操作指令票必须经过拟票、审票、下达预令、执行、归档五个环节，其中拟票、审票不能由同一人完成。临时操作指令票主要用于故障及异常情况下的操作、单一厂站内单一设备操作或其他临时性操作，可不下达预令。

3.10 计划操作应尽量避免在交接班、恶劣天气、电网异常、电网故障或高峰负荷时段进行。

3.11 调度操作指令下达。

3.11.1 计划操作指令票主要用于计划性和可预见性的操作。一般由操作前一班次的调度员拟写、审核并下发预令；预令的下发一般采用电子化操作票或传真的形式，各相关调控机构、直调厂站、输变电运维单位应实时确保能够有效接收预令。

3.11.1.1 对于有人值守的厂站或输变电运维单位，预令应直接下发至厂站运行值班人员或输变电设备运维人员，现场值班员或输变电设备运维人员收到预令后应与值班调度员确认接收正常，并根据预令及时拟写现场操作票。

3.11.1.2 对于无人值守的变电站，原则上值班调度员应将预令下达至相关调控机构值班监控员，值班监控员收到预令后，对其中具备远方操作条件的开关分合操作部分准备监控操作票，并将预令及时转发至相关输变电设备运维人员；输变电设备运维人员收到监控员转发的预令后，应核实现场具备操作条件后，与值班监控员核对确认操作票满足现场相关设备操作及检修工作要求，按照值班监控员要求对操作票中开关（除监控远方执行部分外）、刀闸、接地刀闸以及继电保护、安控（含解列）装置等设备操作准备现场操作票。

3.11.2 调度员应在复审操作指令票无误并在有其他调度员监护的情况下，通过电子化下令系统或调度电话口述下达操作指令。

3.11.3 下达操作指令前，应充分考虑系统的运行方式、潮流分布、频率、电压、系统稳定、短路容量、继电保护及安全自动装置、系统中性点接地方式、设备监控、通信等各方面的影响。

3.11.4 下达操作指令时，须严格执行下令、复诵、录音（电话令）、记录和汇报制度；受令单位在接受操作指令时，受令人应主动复诵操作指令并与发令人核对无误，待下达下令时间后立即执行；操作完成后，受令单位应立即向发令单位汇报执行情况，并以汇报完成时间确认指令已执行完毕。

3.11.5 无人值守变电站操作及汇报流程如下。

3.11.5.1 国调值班调度员将调度操作指令下达至相应调控机构值班监控员。

3.11.5.2 值班监控员接受调度操作指令后，对于须由监控执行的调度操作指令应实施远方操作；对于须由现场执行的调度操作指令，应下达监控操作指令至输变电设备运维人员现场操作。

3.11.5.3　值班监控员远方操作，应经过两个非同样原理或非同源指示"双确认"条件判断开关操作结果，"双确认"是指通过设备的电气指示、仪表及各种遥测、遥信等信号的变化来确认设备的操作是否到位。确认时，至少应有两个非同样原理或非同源的指示发生对应变化，且所有这些确定的指示均已同时发生对应变化，才能确认该设备已操作到位。若有输变电设备运维人员在现场，可通知输变电设备运维人员确认操作结果，由监控员向国调调度员汇报操作指令执行情况。

3.11.5.4　值班监控员下达监控操作指令至输变电设备运维人员执行的操作，应由输变电设备运维人员现场操作并确认设备状态后，向监控员汇报。监控员根据变电运维人员操作汇报情况向国调调度员汇报操作指令执行情况。

3.11.5.5　在遇到紧急情况且现场有人时，国调调度员可直接下达调度操作指令至现场输变电设备运维人员并进行相应操作。输变电设备运维人员完成现场操作并确认设备状态后，向国调调度员汇报，并及时将操作情况告知监控员。

3.12　操作许可、业务指令的下达一般不采取操作指令票的形式，但应遵循相关业务流程要求，并在值班日志中记录。

4　调度业务

4.1　国调调度运行业务主要包括：监视国家电网运行，掌握电网运行情况；统计、分析运行数据；开展在线安全分析；监控国调直调系统运行，完成设备检修、调试等工作，调整系统运行方式，修改电力电量计划；开展日内现货交易；指挥电网故障处置。

4.2　国调调度员与其他调控机构调度员、监控员、厂站运行值班人员、输变电设备运维人员进行业务联系时，须使用设备调度命名和调度术语。

4.3　设备操作。

4.3.1 国调直调设备的操作须在得到国调调度操作指令或许可后进行，国调许可设备的操作须在得到国调调度操作许可后进行。

4.3.2 直调设备冷备用操作规定。

4.3.2.1 冷备用操作规定指部分直调设备在开展计划检修或紧急抢修工作时，设备状态在冷备用与检修之间转换操作（包括冷备用或检修状态下相应保护装置投退操作，不包括正常运行时需保持退出的充电保护）的特殊规定。

4.3.2.2 国调直调厂站内国调直调的交流开关（灵宝站 3301、2201 开关除外）、母线、交流滤波器母线、机组、变压器（含电厂升压变，不含换流变）、调相机变压器组（包括调相机本体和升压变，以下简称调相机）、交流滤波器（含并联电容器、并联电抗器）、母线高抗、110kV 及以下低压无功补偿装置、330kV 灵灵线停送电时，上述设备对应的接地刀闸以及国调直调的短引线接地刀闸由厂站按照国调停电工作票或紧急抢修申请单的批复内容自行操作，国调调度员不下达调度指令。

4.3.2.3 4.3.2.2 条规定所列设备处于冷备用状态时，其国调直调的继电保护装置投退由厂站按照国调停电工作票或紧急抢修申请单的批复内容以及相关继电保护运行规定自行操作，国调调度员不下达调度指令；当上述设备处于运行或热备用状态时，其国调直调的继电保护装置投退仍由国调调度员下达调度指令操作。

4.3.2.4 对于交流滤波器保护和交流滤波器母线保护同投同退配置的国调直调换流站（复奉、锦苏、龙政、宜华、江城直流两侧换流站），仅当交流滤波器母线及小组交流滤波器均处于冷备用状态时，交流滤波器及其母线保护投退由站内按照国调停电工作票或紧急抢修申请单的批复内容以及相关继电保护运行规定自行操作；其他情况下，交流滤波器及其母线保护投退仍由国调调度员下达调度指令操作。

4.3.2.5　国调直调厂站进出线设备接入前，预留接引点对应的国调直调接地刀闸视为短引线接地刀闸，适用第 4.3.2.2 条规定。

4.3.2.6　江陵站 512167、513367 接地刀闸，锦东电厂 5013617、5021617、5033617、5041617 接地刀闸适用第 4.3.2.2 条规定。

4.3.2.7　授权其他调控机构调度的国调调管设备不适用第 4.3.2.2～4.3.2.5 条规定。

4.3.2.8　国调直调设备在启动调试方案执行过程中不适用第 4.3.2.2～4.3.2.5 条规定。

4.3.3　国调直调设备状态变更对下级调控机构直调系统造成影响，国调应在操作前、后通知相关调控机构。

4.3.4　各直调厂站须在站内规程中明确设备运行要求及操作规范。在进行设备操作前，现场值班员须确认符合相关设备规范要求，具备操作条件；如不具备操作条件，须立即向国调汇报。

4.4　监控远方操作。

4.4.1　调控机构值班监控员负责完成规定范围内的监控远方操作。

4.4.2　下列情况可由值班监控员进行开关监控远方操作。

4.4.2.1　一次设备计划停送电操作。

4.4.2.2　故障停运线路远方试送操作。

4.4.2.3　无功设备投切及变压器有载调压分接头操作。

4.4.2.4　其他按调度紧急处置措施要求的开关操作。

4.4.3　监控远方操作前，值班监控员应考虑设备是否满足远方操作条件以及操作过程中的危险点及预控措施，按要求拟写监控操作票，操作票应包括核对相关变电站一次系统图、检查设备遥测遥信指示、拉合开关操作等内容。

4.4.4　监控远方操作中，严格执行模拟预演、唱票、复诵、监护、记录等要求，若电网或现场设备发生故障及异常，可能影响操作安全时，监控员应中止操作并报告国调值班调度员，必要时通知输变电设备运维人员。

4.4.5 监控远方操作前后，值班监控员应检查核对设备名称、编号和开关、刀闸的分、合位置。监控远方操作后的位置检查应满足"双确认"。若对设备状态有疑问，应通知输变电设备运维人员核对设备运行状态。

4.4.6 监控远方操作无法执行时，值班监控员可根据情况转由现场操作，并通知自动化或现场检修人员进行检查处理，并汇报国调值班调度员。

4.4.7 设备遇有下列情况时，严禁进行开关监控远方操作。

4.4.7.1 开关未通过遥控验收。

4.4.7.2 开关正在检修（遥控传动除外）。

4.4.7.3 集中监控功能（系统）异常影响开关遥控操作。

4.4.7.4 一、二次设备出现影响开关遥控操作的异常告警信息。

4.4.7.5 未经批准的开关远方遥控传动试验。

4.4.7.6 不具备远方同期合闸操作条件的同期合闸。

4.4.7.7 运维单位明确开关不具备远方操作条件。

4.5 发输电计划临时调整。

4.5.1 国调直调系统计划临时调整由国调值班调度员受理并批复相关单位执行。

4.5.2 一般情况下，需要进行计划调整的单位应至少提前60min向国调提出申请（见附录 H），申请内容应包括调整原因、调整建议（96 点计划）及调整的电力成份等，国调应至少提前15min 完成批复并通知相关单位执行。

4.5.3 直调厂站应及时核对发输电计划，若发输电计划不满足稳定限额或设备技术要求，应立即向国调汇报，国调视情况进行调整。

4.6 国调直调及许可设备停电分为计划停电、紧急抢修。

4.6.1 计划停电。

4.6.1.1 计划停电指列入年度及月度计划的设备维修、消缺和改扩建等工作。

4.6.1.2 正常情况下，计划停电由国调调度计划处受理，经国调专业处室会商后形成正式停电工作票批复至相关单位。

4.6.1.3 计划停电应以获得批准的国调停电工作票为准，核对停电工作票、倒闸操作、下达开工令、工作延期、完工销票、设备恢复等相关流程均以停电工作票为准。

4.6.1.4 国调停电工作票申请单位（简称停电申请单位）接收到批复的停电工作票后，需主动与国调值班调度员核对停电工作票，具体包括停电工作票号、检修工作内容、设备状态要求、保护安控要求、恢复运行要求、批准工期等。核对无误后，停电工作票进入执行流程。

4.6.1.5 直调设备运行维护单位在停电工作开始前，按运行管理层级逐级申请倒闸操作。国调确认后，与相关调控机构及厂站配合，完成设备状态调整。

4.6.1.6 适用于4.3.2.2条规定的国调直调设备停电工作前，首先由国调值班调度员下达调度指令将设备转至冷备用状态（无人值守变电站设备由省调监控员按规程远方操作或转令现场操作），之后厂站应按照国调停电工作票或紧急抢修申请单的批复内容自行退出国调直调的继电保护装置，做好合上上述设备接地刀闸以及国调直调的短引线接地刀闸等安全措施，并确保不影响其他运行设备，一、二次设备状态调整完毕后报告国调值班调度员。厂站确认停电工作具备开工条件后逐级申请开工，最终由国调停电工作票或紧急抢修申请单申请单位向国调申请开工。国调值班调度员下达开工令后，停电申请单位按运行管理层级逐级下达开工令，厂站收到开工令后方可进行设备检修工作。

4.6.1.7 对于不适用于4.3.2.2条规定的设备，设备状态调整完毕后，国调通知停电申请单位。由停电申请单位确认设备状态、安全措施、保护安控要求、检修人员等各项条件具备后向国调申请停电工作开工。国调核实停电工作票相关内容无误后可下达开工令，停电申请单位按运维关系逐级下达停电开工令。

4.6.1.8　停电工作中，若涉及开关、刀闸、接地刀闸（线路接地刀闸除外）的传动分合，在不影响运行设备的情况下，可由现场按规程自理，并在停电工作完工前恢复至原状态。

4.6.1.9　停电工作因故不能按批准的时间开工，停电申请单位应在设备预计停运前 6h 报告国调值班调度员。停电工作如不能如期完工，批复工期较长的，相关单位在工期过半前或原批复工期结束前 5 个工作日提出延期申请。批复工期小于 5 天的，相关单位应在原批复工期结束前 24h，向国调值班调度员提出延期申请，经国调各专业会商后由国调值班调度员批复。

4.6.1.10　适用于 4.3.2.2 条规定的设备停电工作完工后，由厂站按运行管理层级逐级汇报，最终由停电申请单位向国调值班调度员办理国调停电工作票或紧急抢修申请单竣工手续（竣工前，如因工作需要停电设备安全措施已解除，厂站可在冷备用状态下报竣工），之后国调值班调度员通知厂站按照国调相关规程规定自行投入国调直调的继电保护装置，解除停电设备安全措施（包括拉开上述设备接地刀闸以及国调直调的短引线接地刀闸等）。站内确认停电设备为冷备用状态、继电保护装置（不包括正常运行时保持退出的充电保护）已按国调规程规定要求正确投入且设备具备恢复运行条件后汇报国调，国调值班调度员视情况下达调度指令将设备由冷备用转运行（无人值守变电站设备由省调监控员按规程远方操作或转令现场操作）。

4.6.1.11　对于不适用于 4.3.2.2 条规定的设备，设备停电工作完工后，由设备运维单位按运行管理层级逐级汇报，最终由停电申请单位向国调值班调度员联系停电工作销票，确认设备具备恢复运行或备用条件。国调值班调度员确认停电工作完工后，与相关调控机构及厂站配合，完成设备状态调整。倒闸操作完毕后，国调通知停电申请单位。

4.6.2　紧急抢修。

4.6.2.1 紧急抢修指因设备异常、故障或陪停需要，需紧急处理或停运开展的抢修工作。

4.6.2.2 紧急抢修由国调值班调度员受理，运维单位应补交检修申请。紧急抢修工期超出下一工作日 24 时的工作，应及时向国调计划处补办停电工作票。

4.6.2.3 当一、二次设备出现影响在运设备安全可靠运行或电网稳定的异常和故障时，国调值班调度员可在综合考虑电网安全稳定与设备运行情况的前提下，安排相应设备紧急停运。

4.6.2.4 根据业务范围，紧急抢修分为国调值班调度员可直接批复的紧急抢修和需要专业处室会商的紧急抢修。

4.6.2.5 可直接批复的紧急抢修业务范围。

（1）交流系统一次设备（不包含 TA、TV 等测量元件的一次设备）存在影响其正常运行的缺陷需要立即进行消缺，如不消缺可能导致电网运行设备可靠性降低，且消缺不需要其他设备陪停，不涉及二次设备。

（2）完全独立的两套交流设备保护装置（含交流滤波器母线保护、交流滤波器保护）、安控装置中的一套出现异常需要进行消缺，消缺过程不涉及 TV、TA 等测量元件并且不影响另一套装置正常运行。

（3）计划检修过程中，作为正常检修工作必需安措的直调设备状态变更（不影响其他正常运行设备）。

（4）故障录波器等不影响电网主设备正常运行的装置进行消缺时。

4.6.2.6 需要国调相关专业处室会商的紧急抢修业务范围。

（1）直流系统一次设备的消缺（该直流系统仍然有正在运行的设备）。

（2）直流单套控制保护停运进行消缺。

（3）单套保护、安控装置消缺涉及 TV、TA 等测量元件或可能影响另一套装置时。

（4）计划检修工作过程中，要求设备停电范围扩大。

4.6.2.7 现场申请对紧急停电设备开展紧急检修时，需提交紧急检修申请单（附录 H），并进行紧急抢修必要性说明。

4.6.2.8 现场申请对停电设备开展紧急抢修时，当值调度员应及时告知调度运行处值班处长。

（1）对于可直接批复的紧急抢修，调度台可批复该紧急检修工作开工。

（2）对于需专业处室会商的紧急抢修，由中心午会各专业会商后决定是否批准紧急抢修工作开工。

（3）对于需专业处室会商的紧急抢修，若不立即开展消缺可能导致故障异常影响扩大时，由当值调度员与相关专业处室核实抢修工作不影响正常运行设备后，方可批准紧急抢修工作开工。

4.7 带电作业。

4.7.1 原则上，国调可受理交流线路带电作业。对于直流线路带电作业，应根据相关规定受理。

4.7.2 带电作业开工前，作业单位应向国调提出当日工作申请，明确是否需要退出开关重合闸（直流线路再启动功能）、线路跳闸（或直流闭锁）后不经联系不得试送等安全措施，经调度员同意并调整运行方式完毕后方可开工。

4.7.3 持续多日的带电作业，作业单位应办理国调停电工作票，遵循开关重合闸（直流线路再启动功能）"每日工作前申请退出，每日工作结束后申请投入"的原则。

4.7.4 配合线路带电作业的交流线路开关重合闸或直流线路再启动功能退出操作，应待相关单位申请后再进行，不得根据停电工作票计划开工时间先行退出。

4.8 调试工作。

4.8.1 调试工作开工许可，应以正式的"调试调度方案"或对应停电工作票为准。

4.8.2　为配合调试工作开展，国调可按调试方案将部分直调设备的运行操作权临时授权至试验指挥（或直调厂站、相关调控机构），由试验指挥（或直调厂站、相关调控机构）负责试验期间授权设备的倒闸操作、故障或异常处理。授权前，应明确授权范围和一、二次设备状态；试验结束后，试验指挥（或直调厂站、相关调控机构）应及时将被授权设备交还国调，并明确一、二次设备状态，确保一、二次设备正常可靠。试验过程中，国调有权根据实际情况收回被授权设备。

4.8.3　许可调试工作开始前，国调值班调度员应与调试负责人核对启动调度方案名称及对应项目、调试工作内容，确认相关一次设备、继电保护装置、安全自动装置、通信设备状态及电网运行方式符合调试开始条件，明确调试负责人获得的设备操作和故障处理授权范围。

4.8.4　调试工作完成时，调试负责人应向国调值班调度员汇报已完成的调试工作项目，确认相关一次设备、继电保护装置、安全自动装置、通信设备状态是否恢复正常运行条件，并将相关设备调度权交还国调。

4.8.5　国调直调新厂站启动调试开始前，该厂站取得国调持证上岗资格的运行值班人员总数不应少于 4 人。

4.8.6　一次设备更换、大修后充电等简单试验规定。

4.8.6.1　对于换流变更换或大修、交流滤波器开关（或 TA）更换工作等，现场应在设备检修票中明确检修工作完成后是否需进行充电试验、是否需要投入相关开关充电保护，并将现场试验方案作为附件上传。

4.8.6.2　国调根据检修票要求受理此类试验申请，不再另行编制调度方案，检修票中应明确是否投入充电保护。

4.8.6.3　按照试验要求和相关规定，由国调下令将设备操作至试验前方式状态，许可现场开展试验；试验完成后现场将设备操作至合适状态，由国调安排后续运行方式。

4.8.6.4　典型流程如下。

（1）国调下令将试验设备操作至冷备用状态，设备主保护正常投入。

（2）国调根据检修票要求，可下令投入相关开关充电保护。

（3）国调许可进行充电试验。

（4）相关厂站按照相关规程和试验方案进行充电试验，试验完成后向国调汇报试验结论。

（5）如试验前已投入开关充电保护，下令退出相关开关充电保护。

（6）国调安排后续运行方式。

4.8.6.5　除上述情况外，其他试验严格按照国调编制的试验调度方案进行。

4.9　AGC、AVC 与一次调频运行管理。

4.9.1　国调中心授权国调直调电厂所在区域分中心调度国调直调电厂 AGC 子站、AVC 子站、机组一次调频功能，其状态变更不纳入国调许可。

4.9.2　溪洛渡左岸、向家坝、锦东、锦西、官地电厂机组调速器控制模式切换由西南分中心负责。电厂运行人员应确保机组能及时、正确完成控制模式切换、一次调频功能投退等操作。

4.9.3　机组 AGC、AVC 或一次调频功能若对机组发电计划或运行可靠性产生影响，相关分中心应及时汇报国调并给出处置建议。

5　异常及故障处理

5.1　国调是直调系统故障处理的指挥者，各级调控机构、直调厂站及运维单位按相应直调范围承担故障处理的职责，并在故障发生和处理过程中及时互通情况、协调配合、协同处置。

5.2　各级调控机构、直调厂站、相关运维单位值班员接受国调的调度指令和运行管理，反映电网或电力设备运行情况应及时准确，不得迟报、漏报或瞒报、谎报。

5.3 国调直调系统发生故障时，相关调控机构、厂站、运维单位应立即向国调汇报故障发生时间，故障后厂站内一次设备状态变化情况，厂站内有无设备运行状态（电压、电流、功率）越限、有无需进行紧急控制的设备，周边天气及其他可直接观测现象。

5.3.1 对于有人值守的厂站：5min 内，汇报保护、安控动作情况，汇报线路故障类型、开关跳闸及开关重合闸动作情况，依据相关规程采取相关处理措施；15min 内，汇报相关一、二次设备检查基本情况，确认保护、安控装置是否全部正确动作，确认是否具备试送条件；30min 内，汇报站内全部保护动作情况，线路故障测距情况，按国调要求传送事件记录、故障录波图、故障情况报告、现场照片等材料。

5.3.2 对于无人值守变电站：10min 内，相关调控机构汇报保护、安控动作情况，汇报线路故障类型、开关跳闸及开关重合闸动作情况，依据相关规程采取相关处理措施，通知运维人员赶赴现场；20min 内，相关调控机构汇报站内全部保护动作情况、线路故障测距情况，确认保护、安控装置是否全部正确动作，根据相关条件确认是否具备远方试送条件；运维人员到达现场后 20min 内，汇报相关一、二次设备检查基本情况，若故障设备尚未恢复运行，由现场运维人员确认是否具备试送条件，补充汇报站内全部保护动作情况，线路故障测距情况；按国调要求传送事件记录、故障录波图、故障情况报告、现场照片等材料。

5.3.3 调控机构确认是否具备远方试送条件须核实以下信息。

5.3.3.1 线路主保护、开关重合闸、安控装置是否动作出口，是否有母线差动、开关失灵等保护动作。

5.3.3.2 故障录波信息与保护动作信息是否吻合。

5.3.3.3 对于带高抗运行的线路，是否出现反映高抗故障的告警信息。

5.3.3.4 通过工业视频是否发现故障线路间隔设备有明显漏油、冒烟、放电等现象。

5.3.3.5 故障线路的一、二次设备是否存在影响正常运行的异常告警信息。

5.3.3.6 开关远方操作到位判断条件是否满足两个非同样原理或非同源指示"双确认"。

5.3.4 故障处理时，国调先行调整直调机组出力或断面潮流，通知受到影响的相关调控机构及直调厂站。待故障处理告一段落后，再进行计划调整。

5.3.5 故障处理时，国调值班调度员下令且明确为故障处理或紧急操作，相关单位值班员应在确保安全的前提下，简化操作流程并迅速执行调度指令，操作完成后及时汇报。

5.3.6 当相关电网故障对国调直调系统造成或可能造成影响时，相关调控机构应及时汇报国调。若需国调配合调整，应提出具体方式要求。故障处理告一段落后，及时向国调汇报，申请恢复原方式。

5.4 为防止故障范围扩大，厂站运行值班人员及输变电设备运维人员可不待调度指令自行进行以下紧急操作，但事后应立即向相关调控机构值班调度员汇报。

5.4.1 将对人身和设备安全有威胁的设备停电。

5.4.2 确保安全情况下，将故障停运已损坏的设备隔离。

5.4.3 当厂（站）用电部分或全部停电时，恢复其电源。

5.4.4 厂站规程中规定可以不待调度指令自行处理者。

5.5 以下情况省调监控员、厂站运行值班人员、输变电设备运维人员应及时汇报国调，并按规定采取措施。

5.5.1 按照调度指令进行操作过程中，如操作设备出现异常，应在检查处理的同时向国调汇报。

5.5.2 直调厂站站用电系统仅剩一路电源时，应立即向国调汇报，同时采取措施保障设备可靠运行，尽快恢复其他站用电源。

5.5.3 应密切监视国调直调线路电流，当电流达到线路允许载流量限额值的 80%时，应立即向国调汇报；当电流超过限额值时，电厂应迅速降低全厂出力，换流站降低直流功率，使相应线路电流降至限额以下，同时向国调汇报。

5.5.4 直流控制（保护）系统发生异常情况时，应立即向国调汇报，同时联系相关人员尽快处理，保障冗余控制保护系统可靠运行。如处理过程可能对运行系统造成影响，应汇报国调。

5.6 跨区交流联络线输送功率超过稳定限额或过负荷时，相关调控机构可不待国调调度指令迅速采取措施，将联络线功率控制在限额之内。

5.7 运维单位在巡检过程中发现（或接到护线员报告）国调直调线路异常，且运行线路存在较大的跳闸风险，应第一时间向国调汇报，汇报流程为现场巡检人员（线路护线员）→线路运维单位生产值班室（值班人员）→国调值班调度员。

5.8 国调直调交、直流线路发生故障后，国调通知相关调控机构、运行维护单位故障巡线时，应告知故障时间、保护选相和故障测距情况，明确是否为带电巡线；相关单位获得巡线结果后应及时汇报国调。一般情况下，国调直调线路巡线令下达至相关调控分中心。

5.9 电网同步振荡处置。

5.9.1 电网同步振荡的主要现象：发电机和线路上的功率、电流有周期性变化，波动较小，发电机有功出力不过零；发电机机端和电网的电压波动较小，无明显的局部降低；发电机及电网的频率变化不大，全电网频率同步降低或升高。

5.9.2 电网同步振荡的处理方法。

5.9.2.1 发电厂值班员可不待调度指令，退出机组的 AGC、AVC 装置，增加发电机的无功出力，尽可能使电压提高至允许最大值，并立即向值班调度员汇报。

5.9.2.2 值班调度员应根据电网情况，适当降低送端发电厂出力，增加受端发电厂出力。

5.9.2.3 发电厂运行值班员应立即检查机组的调速器、励磁调节器等设备，查找振荡源，若发现发电机调速器或励磁调节器等设备故障，应立即消除故障，并向值班调度员汇报。

5.10 电网稳定破坏故障处置。

5.10.1 电网稳定破坏的主要现象：发电机、变压器及联络线的电流表、功率表周期性地剧烈摆动，各点电压周期性摆动，振荡中心的电压波动最大，并周期性降到接近于零；失去同步的两个系统间联络线的输送功率往复摆动，出现明显的频率差异，送端频率升高、受端频率降低，且略有波动。

5.10.2 电网稳定破坏后，应迅速采取措施，尽快将失去同步的部分解列运行，防止扩大故障范围。

5.10.3 为使失去同步的电网能迅速恢复正常运行，并减少操作，在满足下列条件的前提下可以不解列，允许局部电网短时非同步运行，而后再同步。

5.10.3.1 发电机、调相机等的振荡电流在允许范围内，不致损坏电网重要设备。

5.10.3.2 枢纽变电站或重要用户变电站的母线电压波动最低值在额定值的75%以上，不致甩掉大量负荷。

5.10.3.3 电网只在两个部分之间失去同步，通过预定调节措施，能迅速恢复运行。

5.10.4 电网发生稳定破坏，又无法确定合适的解列点时，应采取适当措施使之再同步，防止电网瓦解并尽量减少负荷损失。主要处理措施如下。

5.10.4.1 频率升高的电厂，可不待调度指令，立即降低机组有功出力，使频率下降，直至振荡消除，但不应使频率低于49.50Hz，同时应保证厂用电的正常供电。

5.10.4.2 频率降低的电厂，可不待调度指令，立即增加机组有功出力，使频率升高，直至 49.50Hz 以上。

5.10.4.3 电厂值班员应增加机组的无功出力，尽可能使电压提高至允许最大值，退出电厂机组的 AGC、AVC 装置。

5.10.4.4 应根据电网的情况，提高送、受端电压，适当降低送端的发电出力，增加受端的发电出力。

5.10.5 在电网振荡时，除现场规程规定外，电厂值班员不得解列发电机。在频率或电压严重下降到威胁到厂用电的安全时可按现场规程将厂用电（全部或部分）解列运行。

5.10.6 若由于发电机失磁而引起电网振荡时，发电厂运行值班人员应立即将失磁的机组解列。

5.11 当国调直调设备发生故障，造成互联电网解列时，相关调控机构调度员应保持本系统的稳定运行，调整频率、电压至合格范围内。国调负责指挥跨区域联络线的并列操作，相关单位按国调要求配合调整，尽快恢复并网运行。

6 直调线路山火应急处置原则

6.1 国调直调线路发生山火，原则上不停运相关线路，可根据电网实际运行情况调整运行方式，降低运行风险。

6.2 若现场开展人工灭火等工作，涉及人身安全需要线路配合停电时，可按现场申请，停运相关线路。

6.3 若采取相关预控措施导致跨区输电系统功率被迫降低时，应通过其他跨区输电系统合理转送相应功率，以使总体输送功率降低最小。

6.4 直流线路山火处置原则。

6.4.1 直流线路走廊发生一级山火跳闸风险，应将该直流相应极降压运行（一般为 80%或 70%额定电压），并做好直流闭锁预案。

6.4.2 直流线路走廊发生二级山火跳闸风险，在不降低总体输送功率的前提下，可将该直流相应极降压运行（一般为 80%或

70%额定电压），并做好直流闭锁预案。

6.4.3 山火期间，原则上不退出直流线路再启动功能。

6.5 交流线路山火处置原则。

6.5.1 交流线路走廊发生一级山火跳闸风险，应按照该线路 $N-1$ 方式预控电网潮流，并做好线路跳闸预案，一般情况下不退出线路重合闸。

6.5.2 交流线路走廊发生二级山火跳闸风险，应根据电网运行方式，合理预控潮流，加强运行监视，并做好线路跳闸预案。

7 持证上岗管理

7.1 承担国调直调设备运行、监控与运维业务的厂站运行值班人员、省调监控员、输变电设备运维人员（简称国调直调设备运行、监控、运维人员）须经过国调培训及持证上岗考试，并取得国调颁发的《国调直调设备调控业务联系资格证书》（简称证书），方可与国调值班调度员进行调控业务联系。

7.2 持证上岗考试及证书颁发。

7.2.1 直调厂站、输变电设备运维单位参加考试人员一般应为具有三年及以上连续运行值班工作经验，拟担任值长、副值长或同级别运行岗位的人员；省调监控参加考试人员一般应为具有一年及以上连续工作经验，拟担任监控副值或以上级别岗位的人员。

7.2.2 参加考试人员应严格遵守考场纪律，考试中作弊者即认定考试不合格，自考试之日起一年内不得再次参加持证上岗考试。

7.2.3 通过持证上岗考试，由国调颁发证书，证书有效期为自颁发之日起三年，逾期自行注销。

7.2.4 持证人员调离原单位或运行值班岗位，所在单位应及时报国调备案，证书自调离之日起自行注销；持证人员调至其他单位，若仍从事运行值班工作，应向国调申请重新进行考试。

7.2.5 证书注销后可通过再次参加国调组织的持证上岗考试或资格认证的方式重新获得。

7.3 资格认证。

7.3.1 证书到期注销前半年内，可由国调安排进行免考认证，认证后的证书有效期为自认证日起三年。

7.3.2 通过资格认证须满足：持证人员在原证书有效期内严格遵守调度纪律，无警告处分或违规行为记录，由所属单位申请并经国调审核同意。

7.4 当持证人员发生下列情况之一时，国调调度员有权给予警告处分。

7.4.1 无故延误执行调度指令。

7.4.2 《国家电网调度控制管理规程》《国调中心调控运行规定》等规程规定中需汇报的异常、故障情况，未及时向国调值班调度员汇报。

7.4.3 未经国调值班调度员下令或许可，擅自操作国调直调、许可设备（有特殊规定者除外），未造成后果。

7.4.4 未严格执行国调下发的发输电计划，无故偏计划功率运行。

7.4.5 违反其他相关规程规定且情节较轻的情况。

7.5 当持证人员发生下列情况之一时，国调值班调度员有权吊销其证书，吊销后不得再与国调进行实时调控业务联系。

7.5.1 在证书有效期内受到两次警告。

7.5.2 发生误操作。

7.5.3 未经国调值班调度员下令或许可，擅自操作国调直调、许可设备（有特殊规定者除外），并造成后果。

7.5.4 其他违反相关规程规定且情节严重的情况。

7.5.5 违反所在单位相关规定，主管单位要求吊销其证书。

7.6 同一单位一年内如出现 5 人次及以上警告情况或 2 人次及以上吊销证书的情况，国调应组织该单位全部持证人员重新进行培训与考试，考试不合格者吊销其证书。

7.7 原则上，直调厂站（包括输变电设备运维单位）每值应至少 2 人取得国调颁发的证书，持证总人数不超过 15 人。

7.8 各分中心、省调调度监控人员须按照《国家电网公司调度监控人员持证上岗管理办法》等规定取得岗位资格证书，方具备接受国调调度指令资格。

第2章 交流发输变电系统

8 说明

8.1 本章用于指导国调直调交流系统一次设备及相关继电保护装置、安全自动装置的运行和操作。

8.2 交流一次设备的状态一般按照由高到低顺序分为运行、热备用、冷备用及检修四种。交流一次设备处于运行、热备用、冷备用状态时，应确保相关安全措施已拆除。

9 继电保护和安全自动装置总体要求

9.1 原则上一次设备不允许无主保护运行。

9.2 继电保护和安全自动装置（简称安自装置）的状态分为投入及退出两种。投入状态为装置正常运行、出口压板（智能站为 GOOSE 软压板）及相应功能压板（智能站为功能软压板）正常投入；退出状态为装置出口及相应功能压板断开。

9.3 厂站的现场运行规定，应能涵盖本厂站所有的继电保护、安自装置，对设备屏内各开关和压板的投退有明确的规定，对保护、安自装置的告警信息或信号有明确的释义。更改相应保护、安自装置状态时，现场运行人员需严格按照现场运行规定自行拟定并负责落实具体操作步骤、内容和相关安全措施。

9.4 原则上，交流一次设备处于热备用和运行状态时，设备相应保护装置应处于正常投入状态；交流一次设备处于冷备用和检修状态时，设备相应保护装置由现场根据需要向国调申请投退，或按本规定中冷备用操作相关规定自行投退。

9.5 原则上，继电保护和安自装置的定值修改，应在装置退出状态下进行。

9.6　操作术语。

9.6.1　××［站|厂］＜×××＞执行国调第××号继电保护定值单。

9.6.2　××［站|厂］＜×××＞执行国调第××号代原国调第××号继电保护定值单。

9.6.3　××［站|厂］＜×××＞［安控装置|解列装置|失步快速解列装置］××执行第××号定值单。

9.6.4　××［站|厂］＜×××＞［安控装置|解列装置|失步快速解列装置］××执行第××号代原第××号定值单。

9.7　厂站收到国调下发的继电保护定值单（整定计算系统正式盖章）后，需主动与国调值班调度员核对定值单号，核对无误后方可进入继电保护定值单执行流程。

9.8　安自装置的投退、方式调整按照国调直调安全自动装置调度运行管理规定执行。

10　刀闸

10.1　操作术语。

10.1.1　［拉开|合上］××［站|厂］＜××线＞×××××［刀闸|接地刀闸］。

10.2　运行操作和异常处理。

10.2.1　未经试验不允许使用刀闸向母线充电。

10.2.2　不允许使用刀闸拉、合空载线路、并联电抗器和空载变压器。

10.2.3　未经试验不允许使用刀闸进行拉开母线环流操作。

10.2.4　其他刀闸操作要求按厂站规程执行。

10.3　特高压交流系统刀闸特殊说明。

10.3.1　南阳站、长治站 1000kV 串补刀闸不允许带电操作。

10.3.2　长治站 T6116、南阳站 T6316、T6236 刀闸不作为线路刀闸使用。

10.3.3 长治站 T611217、T611117 及南阳站 T623117、T624217、T631117、T631217 接地刀闸正常状态下保持分闸位置，不作为线路接地刀闸使用，在所在线路检修、对应串补冷备用或检修状态下才能进行分、合闸操作。

10.3.4 长治站 T0232 刀闸、T02327 接地刀闸为基建预留。T0232 刀闸应始终保持合闸位置并退出操作电源，T02327 接地刀闸应始终保持分闸位置并退出操作电源。

11　开关

11.1　保护配置。

11.1.1 开关保护一般按开关配置，包括开关重合闸、失灵保护、充电保护。开关三相不一致保护一般由开关本体实现。开关失灵保护退出时，开关应停运；正常情况下，开关重合闸投入时仅投单重方式（复龙站 5211、5212、5222、5223 开关除外）；系统正常运行时（特殊规定除外），开关充电保护应退出。

11.1.2 开关相应保护装置包括该开关的失灵保护以及国调规定正常运行时需要投入的开关重合闸。

11.1.3 直流输电系统运行状态下，当换流站或背靠背换流单元一侧有两回及以上交流线路运行时，可投入线路重合闸；若出现单回交流线路运行时，重合闸应停用。

11.1.4 施州换流站渝侧或鄂侧、宜昌换流站渝侧出现柔直单元带单回交流线路运行时，该线路的换流站侧开关重合闸应退出。

11.1.5 复龙站 5211、5212、5222、5223 开关重合闸特殊规定。

11.1.5.1 泸复一、二线正常运行时，复龙站 5211、5212、5222、5223 开关保护除正常投入常规重合闸（重合闸把手置"单重"位置）外，还应投入自适应重合闸外部硬压板。

11.1.5.2 当需要退出自适应重合闸，改投常规单相重合闸时，退出外部自适应重合闸压板即可。

11.1.5.3 当需要退出泸复一、二线复龙侧重合闸时，需要将对应开关重合闸把手置"停用"位置，并同时退出自适应重合闸外部硬压板。

11.1.5.4　泸复一、二线投入自适应重合闸时，线路两侧重合闸方式应保证一致。

11.1.6　华东区域国调直调换流站的直调开关重合闸投退按照换流站国调直调开关重合闸运行操作说明执行。

11.1.7　昌吉换流站至五彩湾变电站的昌彩三回线采用连接管母方式连接且长度较短，根据西北分中心意见，昌彩三回线单相故障时不重合直接三相跳闸，昌吉换流站 7091、7103、7111 开关保护重合闸始终保持退出状态，7092、7102、7112 开关保护重合闸状态根据相邻间隔线路运行情况正常投退，当昌彩三回线故障时由线路保护闭锁开关重合闸。

11.2　状态定义。

状态	开关	相连刀闸	相连接地刀闸	相应保护装置
运行	合上	合上	断开	投入
热备用	断开	合上	断开	投入
冷备用	断开	断开	断开	—
检修	断开	断开	合上	—

11.3　操作术语。

11.3.1　［拉开|合上］××［站|厂］<××线>××××开关。

该术语用于线路停电、送电、合环、解环时，应明确开关所属线路（即<>中内容不可省略）。

11.3.2　××［站|厂］<××线>××××开关由××转××。

单一开关操作可使用跨状态令。该术语用于线路停电、送电、合环、解环时，不允许使用跨状态令，且应明确开关所属线路。该术语用于其他设备（主变、换流变、交流滤波器母线）停电、送电或机组解列、并列时，不允许使用跨状态令。

11.3.3 ××［站|厂］××××、…、××××开关由××转××。

一般情况下，当一系列开关的操作无特定顺序要求，且操作不会造成设备充电、停电、合环、解环时，可使用此术语。

11.3.4 ［退出|投入］××［站|厂］××××、…、××××开关相应保护装置。

11.3.5 ［退出|投入］××［站|厂］××××、…、××××开关充电保护。

11.3.6 ××［站|厂］××××、…、××××开关重合闸投单重方式。

11.3.7 退出××［站|厂］××××、…、××××开关重合闸。

11.3.8 复龙站 5211|5212|5222|5223 开关重合闸投自适应重合闸方式|单重方式。

注：投自适应重合闸方式时，应投入单相重合闸功能，同时投入自适应重合闸外部硬压板；投单重方式时，外部自适应重合闸压板应退出。

11.3.9 退出复龙站 5211|5212|5222|5223 开关重合闸。

注：退出开关重合闸时，需退出单相重合闸功能，同时退出自适应重合闸外部硬压板。

11.4 运行操作和异常处理。

11.4.1 一般情况下，交流母线为 3/2 或 4/3 开关接线方式的，设备送电时，应先合母线侧开关、后合中间开关；设备停电时，应先拉开中间开关，后拉开母线侧开关。

11.4.2 交流场采用 3/2 接线的换流站，在母线或边开关停运方式下，应根据换流站是否具备中开关连锁跳闸功能逻辑采取相应控制措施。

11.4.2.1 对于三相、单相连锁跳闸功能都具备的，无特殊控制要求。

11.4.2.2 若换流变（或滤波器母线）与交流线路共串，且仅具备三相连锁跳闸功能的，在换流变（或滤波器母线）侧边开关停运情况下，应退出线路中开关重合闸。

11.4.2.3　对于不具备三相连锁跳闸功能的，若边开关停运，应合理停运交流滤波器、线路等元件，并相应调整直流输送功率和交流系统有关断面潮流。

11.4.3　开关转热备用操作前，现场应确认继电保护装置已按规定投入；开关进行合环或并列操作前，相关厂站应加用同期装置；开关合闸后，现场应检查确认三相均已接通。

11.4.4　开关远方操作失灵时，现场规定允许就地操作的，必须三相同时操作，不得分相操作；开关操作时，发生非全相运行，应立即拉开该开关。

11.4.5　开关运行时发生单相或两相断开且三相不一致保护未跳开开关运行相，应立即将该开关三相拉开。

11.4.6　开关异常出现"合闸闭锁"尚未出现"分闸闭锁"时，应立即拉开异常开关。出现"分闸闭锁"时，应停用开关的操作电源；经过刀闸拉环流试验的设备，可用刀闸拉开环流隔离异常开关；未经过试验的设备，需断开相邻带电设备来隔离异常开关。

11.4.7　直流输电系统运行或即将转为运行时，换流站交流出线如果为单回运行或即将由多回运行变为单回运行，换流站应立即向直调该运行线路本侧开关重合闸的调控机构汇报，申请退出该开关重合闸，同时汇报国调；换流站交流出线由单回运行恢复为多回运行时，换流站应立即申请线路开关重合闸恢复正常方式，同时汇报国调。

12　母线

12.1　保护配置。

12.1.1　国调直调的 220kV 及以上电压等级母线（不含交流滤波器母线）均配置两套母差保护。两套母差保护均退出时，该母线应停运。

12.1.2 国调直调的 110kV 及以下电压等级母线，若配置单套母差保护，原则上，母差保护退出时，该母线应停运。

12.1.3 国调直调的 35kV 母线一般未配置母差保护（宜宾站、锦屏站、中州站、韶山站、雁门关站、豫南站除外），通过主变低压侧过流保护实现保护功能。

12.1.4 国调直调的交流滤波器母线中，部分母线单独配置了两套母差保护，其余母线的母差保护集成在交流滤波器控制保护主机中或与所接小组滤波器保护集成。

12.1.5 与灵宝站单元 I 相连的 330kV #1 母线和 220kV #2 母线，分别配置独立的双重化母线过电压保护。

12.1.6 220kV 及以上电压等级母线（不含交流滤波器母线）相应保护装置包括该母线的两套母差保护。单独配置了两套母差保护的交流滤波器母线相应保护装置包括该母线的两套母差保护。

12.2 状态定义。

状态	相连开关	相连接地刀闸	相应保护装置
运行	至少有一个相连开关为对应的运行、热备用状态（有特殊要求的可为更低级状态，下令时须在术语中明确）	断开	投入
热备用		断开	投入
冷备用	冷备用（有特殊要求的可为检修，下令时须在术语中明确）	断开	—
检修		合上	—（12.1.6 中未定义相应保护装置的按站内规程执行）

12.3 操作术语。

12.3.1 ××［站|厂］×× kV ××母由××转××，＜×××、…、××××开关××|××××、…、××××开

关保持冷备用及以下状态|××××、…、××××开关××，

××××、…、××××开关保持冷备用及以下状态＞。

　　母线开关中有特殊要求（见状态定义）或开关非国调直调（术语中不改变非直调开关状态）的，其状态须在术语中明确；如果母线存在母联开关，母联开关的状态须在术语中明确。

12.3.2　［退出|投入］××［站|厂］×× kV ××母相应保护装置。

12.4　运行操作和异常处理。

12.4.1　换流站交流滤波器母线相应保护装置（包括灵宝站 330kV #1 母线、220kV #2 母线独立配置的双重化母线过电压保护）按照直流系统保护装置处理，属于许可操作范围。

12.4.2　与母线相连开关中有非直调开关时，原则上，母线停电前应先由相关调控机构（或厂站）操作非直调开关停运，再由国调操作母线停电；母线恢复送电前先由国调恢复母线，再由相关调控机构（或厂站）恢复非直调开关。

12.4.3　母线发生故障或失压后，值班监控人员、厂站运行值班人员及输变电设备运维人员应立即报告国调值班调度员，同时将故障或失压母线上的开关全部断开。

12.4.4　母线跳闸后，找到故障点并能迅速隔离的，在隔离故障点后可恢复该母线运行；找到故障点但不能隔离的，应将该母线转检修；确认母线故障但找不到故障点的，一般不得对停电母线试送。

12.4.5　对停电母线进行试送时，应优先采用外来电源。试送开关必须完好，并有完备的继电保护。有条件者可对故障母线进行零起升压。

12.5　特殊说明。

　　长治站进行 1000kV 母线转热备用操作时，应密切监视母线电压、电流。若相关设备发生铁磁谐振，应立即按站内规程处置，并向国调汇报。

13 短引线

13.1 短引线是指 3/2、4/3 及角形接线方式中，由两开关之间开关所属刀闸至进出线设备刀闸或基建预留接引点之间的引线。

13.2 保护配置。

13.2.1 在有短引线的开关间隔，双重化配置短引线保护。配置目的是在进出线设备停运或基建预留接引点空置而开关继续（合串）运行时保护开关间的短引线。

13.2.2 短引线相应保护装置包括该短引线的两套短引线保护。

13.2.3 短引线保护应通过保护装置压板投退，不能根据出线刀闸位置状态自动投退。

13.2.4 三峡电厂发变组进线 GIS 间隔双重化配置短引线差动保护，运行操作由电厂自行负责。

13.2.5 锦东、锦西电厂发变组进线间隔双重化配置发变组进线 T 区保护，可作为开关间短引线保护使用，运行操作由电厂自行负责。

13.3 操作术语。

13.3.1 ［退出|投入］××［站|厂］××××、××××开关间短引线相应保护装置。

13.4 运行操作和异常处理

13.4.1 短引线对应的出线设备正常运行时，短引线保护应在退出状态。

13.4.2 短引线对应的出线设备停运且开关合串运行，短引线保护应在投入状态。

13.4.3 短引线处于热备用（对应开关至少有一个为热备用）时，对应出线设备所属保护及短引线保护不应同时退出。

13.4.4 短引线保护装置的投退由厂站运行维护人员按一、二次设备状态自行操作，相关操作步骤应在厂站规程中明确。

14　线路

14.1　保护配置。

14.1.1　国调直调线路按双重化原则配置双套微机线路保护装置，每套装置含有完整的主保护和后备保护功能。

14.1.2　线路远方跳闸及就地判别装置均按双重化配置。

14.1.3　线路相应保护装置包括该线路的两套线路保护和独立配置的远方跳闸及过电压保护。

14.2　状态定义。

状态	线路开关	线路刀闸	线路接地刀闸	相应保护装置
运行	至少有一个线路开关为对应的运行、热备用状态（有特殊要求的可为更低级状态，下令时须在术语中明确）	合上	断开	投入
热备用		合上	断开	投入
冷备用	可为任一种状态，但下令时须在术语中明确	断开	断开	—
	冷备用（有特殊要求的可为检修，下令时须在术语中明确）	未装设		
检修	可为任一种状态，但下令时须在术语中明确	断开	合上	—
	冷备用（有特殊要求的可为检修，下令时须在术语中明确）	未装设		

注　线路状态仅对单侧站内设备进行定义。

14.3　操作术语。

14.3.1　××［站|厂］××线由××转××，＜××××开关××|××××开关保持冷备用及以下状态＞。

线路不允许使用跨状态令；线路开关有特殊要求的（见状态定义），其状态须在术语中明确；线路装设出线刀闸，操作目标状态为冷备用或检修时，线路开关状态须在术语中明确。

14.3.2 ［退出|投入］××［站|厂］××线相应保护装置。

14.4 运行操作和异常处理。

14.4.1 线路进行电网间并列操作前，并列点两侧系统应相序相同，频率偏差在 0.1Hz 以内，电压偏差在 5% 以内。线路解列前需调整电网频率和相关母线电压，尽可能将解列点的有功功率调至零，无功功率调至最小。线路的合环、并列操作须经同期装置检测。

14.4.2 线路停运操作前，应根据相关规定，按照线路停运方式控制断面潮流和母线电压、更改安控方式；线路送电正常后，应及时按相关规定更改安控方式。线路停运、送电操作前，还应考虑潮流转移和充电无功的影响，防止出现其他运行线路潮流越限、变压器过负荷、发电机自励磁和线路末端电压超过允许值。

14.4.3 国调直调线路中，两侧均为变电站的，一般在短路容量较大侧停、充电，短路容量较小侧解、合环；一侧为变电站（开关站、换流站）、一侧为发电厂的，一般在变电站（开关站、换流站）侧停、充电，发电厂侧解、合环；一侧为换流站、一侧为变电站（开关站）的，一般在变电站（开关站）侧停、充电，换流站侧解、合环。

14.4.4 线路故障跳闸后，应立即按相关规定控制断面潮流和母线电压、更改安控方式，并及时试送。

14.4.5 线路故障跳闸后，值班监控员、厂站运行值班人员及输变电设备运维人员应立即收集故障相关信息并汇报国调值班调度员，由值班调度员综合考虑跳闸线路的有关设备信息并确定是否试送。若有明显的故障现象或特征，应查明原因后再考虑是否试送。

14.4.6 试送前，国调值班调度员应与值班监控员、厂站运行值班人员及输变电设备运维人员确认具备试送条件。具备监控远方试送操作条件的，应进行监控远方试送。

14.4.7　线路试送前应考虑以下几个方面。

14.4.7.1　线路故障跳闸后，一般允许试送一次；如试送不成功，再次试送须经主管领导同意。

14.4.7.2　线路故障跳闸后，若开关的故障切除次数已达到规定次数，厂站运行值班人员或输变电设备运维人员应根据规定向国调提出运行建议。

14.4.7.3　选择试送端和试送开关时，应同相关调控机构或现场确认站内相关一、二次设备具备试送条件。

14.4.7.4　线路保护和高抗保护同时动作跳闸时，应按线路和高抗同时故障考虑，在未查明高抗保护动作原因和消除故障之前不得进行试送。线路允许不带高抗运行时，如需对故障线路送电，在试送前应将高抗退出。

14.4.7.5　带串补的线路应先将串补停运，再进行试送。

14.4.7.6　带串抗的线路若需带串抗转运行，应先将串抗转运行，再进行试送。

14.4.7.7　带电作业线路故障跳闸后，现场人员应视设备仍然带电并尽快联系国调值班调度员，值班调度员未与工作负责人取得联系前不得试送线路。国调值班调度员应与相关单位确认线路具备试送条件，方可按照上述规定进行试送。

14.4.7.8　判断故障可能发生在站内时，应待现场确认站内相关一、二次设备检查无异常后，方可进行试送。

14.4.7.9　运维单位人员汇报存在自然灾害、山火等情况影响线路运行时，应结合系统运行风险综合考虑是否试送。

14.5　配合操作。

14.5.1　部分非国调直调线路的状态转换涉及国调与相关分中心、省调的配合操作。一般情况下，相关分中心、省调负责由对侧对线路停送电，国调由直调厂站侧对线路解合环。当线路一侧为变电站（开关站、换流站）、一侧为发电厂时，应在变电站（开关站、换流站）侧停、充电，发电厂侧解、合环。

14.5.2　330kV 川蒋Ⅰ、Ⅱ、Ⅲ线的配合操作，国调负责由换流站侧对线路进行停送电，相关分中心负责由另一侧对线路解合环。

14.5.3　对于线路非国调直调、仅与线路相连的串内中开关为国调直调的情况，国调在线路解环前将线路对应中开关转至冷备用或检修，在线路合环后将线路对应中开关转至运行。

14.5.4　高岭直流及华北电网 500kV 高天三回线或双回线运行方式下，在停运任一回线路时，华北分中心负责由天马侧解环，国调负责由高岭侧对线路停电。

14.5.5　500kV 鹅博甲、乙线涉及国调与南方电网电力调度控制中心（简称南网调度）的配合操作，南网调度负责由博罗侧对线路停送电，国调负责由鹅城侧对线路解合环。

14.6　线路保护。

14.6.1　对装有线路刀闸的线路，线路停运、开关合串运行时，应退出该线路的线路保护和远方跳闸及就地判别装置。

14.6.2　线路两侧对应的线路保护装置、远方跳闸及就地判别装置运行状态应保持一致。

14.6.3　线路保护功能和远方跳闸及就地判别功能在装置集成配置时，应同时投退。

14.6.4　线路保护采用单通道方式时，当通道发生故障不能正常运行时，应退出该套线路保护、远方跳闸及就地判别装置，待通道恢复正常后投入。

14.6.5　线路保护采用双通道方式时，当其中一个通道发生故障时，应退出该线路保护的相应通道压板，待通道恢复正常后投入；当两个通道均不可用时，应退出该套线路保护、远方跳闸及就地判别装置，待通道恢复正常后投入。

14.6.6　发生以下情况时，线路应停运。

14.6.6.1 两套线路保护均退出。

14.6.6.2 两套远方跳闸及就地判别装置均退出。

14.6.6.3 两套过电压保护均退出。

14.6.6.4 线路任一侧 CVT 不可用。

14.7 解列装置。

14.7.1 国调直调联络线解列装置投退由国调调度员下令操作。

14.7.2 联络线运行过程中，不允许任一联络线两侧的解列装置同时退出运行，也不允许任一联络线两侧的失步快速解列装置同时退出运行。

14.8 特高压长南荆线路特殊说明。

14.8.1 正常方式下，长南Ⅰ线解、并列操作，南荆Ⅰ线解、合环操作可以在线路两侧进行。1000kV 线路解列前需调整电网频率和相关母线电压，尽可能将解列点的有功功率调至零，无功功率调至最小。

14.8.2 特高压交流系统停、送电及解列、并列、解环、合环操作前，华北分中心、华中分中心、相关省调应各自调整网内相关断面潮流，并做好系统电压、频率调整，防止出现因潮流转移和充电无功引起其他运行线路潮流越限、变压器过负荷、发电机自励磁和线路末端电压超过允许值。

14.8.3 正常情况下，1000kV 线路解列、解环、停电操作前，现场应退出本站相应线路稳态过电压控制装置 1、2 的"投联跳功能"压板。紧急情况下，需拉开 1000kV 开关解列（解环）特高压交流联络线时，无需退出稳态过电压控制装置 1、2 的"投联跳功能"压板。

14.8.4 1000kV 长治—南阳—荆门两套稳态过电压控制系统均停运，1000kV 长南Ⅰ线、南荆Ⅰ线需停运。

14.9 500kV 线路特殊说明。

14.9.1 鹅博甲、乙线鹅城侧线路保护由国调直调，博罗侧线路保护由南网调度管理。

15 发变组

15.1 保护配置。

15.1.1 发变组（发电机组和机组升压变）电气量保护均按照双重化原则配置，非电量保护有条件的可双重化配置。

15.1.2 发变组或机组保护装置的定值整定和运行操作由相关电厂负责，其中涉网部分保护定值限额由国调负责下达。

15.2 状态定义。

状态	相连开关	相连出线刀闸	相连接地刀闸	机组相应保护装置
运行	至少有一个相连开关为对应的运行、热备用状态（有特殊要求的可为更低级状态，下令时须在术语中明确）	合上	断开	投入
热备用		合上	断开	投入
冷备用	可为任一种状态，但下令时须在术语中明确	断开	断开	—
	冷备用（有特殊要求的可为检修，下令时须在术语中明确）	未装设		
检修	可为任一种状态，但下令时须在术语中明确	断开	合上	—
	冷备用（有特殊要求的可为检修，下令时须在术语中明确）	未装设		

注 发变组相连开关包含机组出口开关。

15.3 操作术语。

15.3.1 ××厂××发变组由××转××，<××××开关××|××××开关保持冷备用及以下状态>。

发变组相连开关有特殊要求的（见状态定义），其状态须在术语中明确；发变组装设出线刀闸，发变组操作目标状态为冷备用或检修时，发变组相连开关状态须在术语中明确。

15.4 运行操作和异常处理。

15.4.1　机组转运行时，相关电厂应首先确认机组 PSS 装置已按规定投入。

15.4.2　发电机并列操作要求并列点两侧相序相同，频率偏差在 0.1Hz 以内，电压偏差在 1%以内。机组并列操作必须使用同期并列装置。

15.4.3　机组并网运行时，其 PSS 装置和一次调频功能应按国调相关规定投入，并确保性能指标满足技术要求。

15.5　机组进相。

15.5.1　国调直调电厂机组进相运行时，相关电厂值班员应确保机组进相深度满足相关要求。

15.6　水电机组倒换。

15.6.1　国调直调水电机组临时倒换一般需由现场向国调提出书面申请，并经国调许可后进行。

16　调相机

16.1　保护配置。

16.1.1　调相机变压器组（包括调相机本体和升压变，简称调相机）电气量保护按照双重化原则配置两套调相机变压器组保护和两套转子一点接地保护。当调相机采用 3/2 接线方式进串时，可按双重化原则配置两套调相机 T 区保护。

16.1.2　调相机相应保护装置包括该调相机的两套调相机变压器组保护、两套调相机 T 区保护（如果配置）和正常运行时需要投入的一套转子一点接地保护。

16.1.3　调相机不允许无保护运行。正常运行时，应投入两套调相机变压器组保护、两套调相机 T 区保护（如果配置）和一套转子一点接地保护（优先投入采用"注入式"原理的转子一点接地保护），另一套转子一点接地保护退出状态，并断开与转子连接的相关回路。

16.2　状态定义。

状态	相连开关	相连接地刀闸	相应保护装置
运行	至少有一个相连开关为对应的运行、热备用状态（有特殊要求的可为更低级状态，下令时需在术语中明确）	断开	投入
热备用		断开	投入
冷备用	冷备用（有特殊要求的可为检修，下令时需在术语中明确）	断开	—
检修		合上	—

注　未装设调相机相连接地刀闸的，当调相机相连开关为检修状态时，该调相机处于检修状态。

16.3　操作术语。

16.3.1　××站××调相机由××转××，＜××××开关××|××××开关保持冷备用及以下状态＞。

调相机相连开关有特殊要求的（见状态定义），其状态须在术语中明确。

16.3.2　［退出|投入］××站××调相机相应保护装置。

16.4　运行操作和异常处理。

16.4.1　调相机并网前，现场应检查确认励磁系统、冷却系统、油系统以及监控和保护系统等设备已正常投运；调相机已达到同步转速，具备同期并列条件。

16.4.2　调相机并列操作需严格按照站内规程进行。

16.4.3　正常运行时，调相机无功控制方式（定电压控制、定无功控制）由调相机系统根据交流母线电压自动切换，现场应加强运行监视；当出现设备缺陷、运行异常、动态无功储备不满足规定要求等情况时，现场应及时汇报国调及相关调控机构，并提出处置建议。

16.4.4　调相机变压器组保护、调相机 T 区保护（如果配置）因故需退出时，应整装置退出运行；若两套调相机变压器组保护或两套调相机 T 区保护（如果配置）均退出运行，该调相机应停运。

16.4.5　投入运行的转子一点接地保护装置异常时,可投入另一套转子一点接地保护,并按照"先退后投"的方式进行操作;若两套均无法投入运行时,该调相机应停运。

16.4.6　对于加装隔直装置的调相机升压变,若隔直装置退出运行,该调相机应停运。

17　变压器

17.1　保护配置。

17.1.1　国调直调系统中变压器(换流变除外)保护按双重化原则配置。

17.1.2　变压器相应保护装置包括该变压器的全部电气量保护。

17.1.2.1　对于特高压变压器,主体变与调压补偿变共同运行时,1000kV 变压器的"相应保护装置"包括两套主体变保护和两套调压补偿变保护;主体变单独运行时,1000kV 变压器的"相应保护装置"只包括两套主体变保护。

17.2　状态定义。

状态	相连开关	相连出线刀闸	相连接地刀闸	相应保护装置
(×××kV 侧)运行	(×××kV 侧)至少有一个相连开关为对应的运行、热备用状态(有特殊要求的可为更低级状态,下令时须在术语中明确)	(×××kV 侧)相连出线刀闸合上	断开	投入
(×××kV 侧)热备用			断开	投入
(×××kV 侧)冷备用	可为任一种状态,但下令时须在术语中明确	(×××kV 侧)相连出线刀闸断开	断开	—
	(××× kV 侧)冷备用(有特殊要求的可为检修,下令时须在术语中明确)	未装设		
(×××kV 侧)检修	可为任一种状态,但下令时须在术语中明确	(×××kV 侧)相连出线刀闸断开	合上	—
	(××× kV 侧)冷备用(有特殊要求的可为检修,下令时须在术语中明确)	未装设		

17.3 操作术语。

17.3.1 ××［站|厂］××变<×××kV 侧>由××转××，<××××开关××|××××开关保持冷备用及以下状态>。

主变不允许使用跨状态令，各侧开关、刀闸的操作顺序由站规程明确；主变相连开关有特殊要求的（见状态定义），其状态须在术语中明确；主变装设出线刀闸，主变操作目标状态为冷备用或检修时，主变相连开关状态须在术语中明确。

17.3.2 ××［站|厂］××变分接头调整为××挡位。

17.3.3 ［退出|投入］××［站|厂］××变相应保护装置。

17.4 运行操作和异常处理。

17.4.1 1000、500kV 变压器一般在 500kV 侧停、充电。

17.4.2 500kV 及以上变压器（含换流变）在充电前，现场要做好消磁工作。

17.4.3 变压器并列运行要求：结线组别相同，电压比相同，短路电压相等。电压比不同和短路电压不等的变压器经计算和试验，在任一台都不会发生过负荷的情况下，可以并列运行。

17.4.4 国调直调变压器的中压侧系统如果由省调调度，一般情况下，变压器停时中压侧先由运行转冷备用，然后再按低压侧、高压侧的顺序由运行转热备用；变压器送电时先按高压侧、低压侧的顺序由热备用转运行，然后再将中压侧由冷备用转运行。

17.4.5 直调厂站内的高压（500、330、66、35kV）厂用变、站用变。

17.4.5.1 原则上，变压器高压侧接入的第一个刀闸为分界点，由国调直调；分界点至变压器高压侧的一次设备操作由国调许可。

17.4.5.2 配合操作变压器停、送电时，国调应与厂站确认相关

一、二次设备和厂站用电系统已具备操作条件。

17.4.5.3　有高压厂用变、站用变的直调厂站，应严格确保内部用电系统不对外供电，不得构成高低压电磁环网，不发生区域电网间的电气联系。

17.4.6　变压器重瓦斯或差动保护动作跳闸，不得试送电；通过检查变压器外观、瓦斯气体、保护动作和故障录波等情况，确认变压器无内部故障后，可试送一次，有条件时应进行零起升压。

17.4.7　变压器后备过流保护动作跳闸，找到故障并有效隔离后，可试送一次。

17.5　1000kV 变压器特殊说明。

17.5.1　1000kV 变压器停送电，一般在 500kV 侧停电或充电。本站单台 1000kV 变压器带功率运行，另一台主变投运时，应在 1000kV 侧充电，在 500kV 侧合环。操作 1000kV 变压器停、充电前，现场应确认该 1000kV 变压器 110kV 侧无功补偿装置未投入，且 500kV 母线电压满足相关要求。

17.5.2　国调下令 1000kV 变压器"由冷备用转热备用"时，现场按 1000、110、500kV 侧的顺序操作；国调下令 1000kV 变压器"由热备用转冷备用"时，现场按 500、110、1000kV 侧的顺序操作。

17.5.3　1000kV 变压器，包括主体变及调压补偿变两部分，均配有两套变压器保护。主体变两套差动保护退出时，1000kV 变压器应停运；调压补偿变两套差动保护退出时，该调压补偿变应停运。

17.5.4　1000kV 变压器分接头挡位的调整须在变压器检修状态下进行。1000kV 变压器调压补偿变保护定值区应与分接头挡位一致；操作投退调压补偿变保护前，现场应检查确认变压器分接头挡位与调压补偿变保护定值区一致；操作"××主变分接头调整为××挡位"时，现场应先退出调压补偿变保护并调整定值、再调整变压器分接头、最后投入调压补偿变保护。1000kV 变压器分接头挡位应符合相关规定要求。

17.6 需国调配合操作的变压器停、充电操作顺序，由调管该变压器的调控机构按相关规程规定向国调申请。

18 高压并联电抗器

18.1 保护配置。

18.1.1 高压并联电抗器（简称高抗）保护按双重化配置两套差动保护。

18.1.2 高抗相应保护装置包括该高抗的两套保护。

18.1.3 状态定义。

状态	高抗相连开关（如装设）	高抗刀闸（如装设）	高抗接地刀闸（如装设）	相应保护装置
运行	至少有一个相连开关为对应的运行、热备用状态（有特殊要求的可为更低级状态，下令时需在术语中明确）	合上	断开	投入
热备用		合上	断开	投入
冷备用	未装设高抗刀闸：冷备用（有特殊要求的可为检修，下令时需在术语中明确）。	断开	断开	—
检修	装设高抗刀闸：可为任一种状态，下令时需在术语中明确	断开	合上	—

18.1.4 高压侧未装设开关但装设刀闸的高抗，只有运行、冷备用、检修三种状态。高压侧未装设开关及刀闸的高抗，只有运行、检修两种状态。未装设高抗刀闸和接地刀闸但装设有直接相连开关的高抗，当其直接相连开关均为冷备用及以下状态且至少一个开关为检修状态时，即高抗处于检修状态。

18.1.5 可控高抗的感抗容量在运行状态下可以调节，其运行状态及要求如下。

设备名称	运行状态名称	状态相关要求	备注
江陵站安江Ⅱ线可控高抗	恒电流运行	线路热备用或操作停运前应为此状态	锁定低压侧励磁电流为额定值,主要用于设备投退操作
	××%恒容量运行	线路正常运行时应为此状态	设定感抗容量为 1.7%～55%或 85%～100%额定容量间的任意值

18.2 操作术语。

18.2.1 ××［站|厂］××高抗由××转××,＜××××开关××|××××开关保持冷备用及以下状态＞。

高抗相连开关有特殊要求的(见状态定义),其状态须在术语中明确。

18.2.2 ［退出|投入］××［站|厂］××高抗相应保护装置。

18.3 运行操作和异常处理。

18.3.1 配有高抗的线路,一般不允许无高抗运行。三峡右一电厂峡葛Ⅳ线高抗、江陵站安江Ⅱ线可控高抗正常方式下处于检修状态,现场确保高抗刀闸保持断开位置。

18.3.2 未装设开关的线路高抗,只能在线路处于冷备用或检修时进行操作。

18.3.3 可控高抗高压侧设备状态转换由国调下令操作,可控高抗运行时感抗容量和调节模式的调整由国调许可操作。现场应根据相关规定,按调度要求,操作相关一、二次设备和可控高抗控制器。

19 线路串联电容无功补偿装置

19.1 保护配置。

19.1.1 线路串联电容无功补偿装置(简称串补)保护采用双重化配置。串补保护动作合旁路开关,而旁路开关失灵时,将远跳两侧线路开关。

19.1.2 线路串补保护装置的定值整定和投退操作，由相关运行维护单位负责，其中投退操作须经国调许可。串补保护均退出时，串补应停运。

19.2 状态定义。

状态	串补旁路开关	串补刀闸	串补接地刀闸	线路刀闸	相应保护装置
运行	断开	合上	断开	断开	投入
热备用	合上	合上	断开	断开	投入
冷备用	—	断开	断开	—	—
检修	—	断开	合上	—	—

19.3 操作术语。

19.3.1 ××站××线串补由××转××。

19.4 运行操作和异常处理。

19.4.1 线路带电时，可进行串补状态转换操作。

19.4.2 一般情况下，带串补线路的停运操作顺序是先停运串补、后停运线路；送电操作顺序是先恢复线路、后恢复串补。

19.4.3 串补检修后，现场申请进行带电试验，可先将串补转运行，再对带串补的线路充电。

19.4.4 带串补运行的线路，由于非串补原因故障停运，试送时应将串补停运。

19.4.5 串补保护和线路保护均为双重化配置，串补保护与线路保护之间的联系为一一对应，即：串补保护 A 仅与线路保护 1 联系，串补保护 B 仅与线路保护 2 联系。线路保护 1（2）不得与本线路任一串补的串补保护 B（A）同时停运。

19.4.6 带串补的线路两侧开关重合闸因故退出后（线路及串补仍处于运行状态），厂站值班员需向国调申请退出串补保护的"线路故障联动串补重投"功能，由国调许可操作；线路两侧开关重合闸投入前，厂站值班员需向国调申请投入串补保护的"线路故障联动串补重投"功能，由国调许可操作。

19.5　1000kV 串补特殊说明。

19.5.1　1000kV 串补状态定义。

19.5.1.1　长治站长南Ⅰ线串补、南阳站长南Ⅰ线串补状态定义（以长治站长南Ⅰ线串补为例）

状态	串补旁路开关（T611）	串补刀闸（T6111、T6112）	串补接地刀闸（T61117、T61127）	串补旁路刀闸（T6116）	相应保护装置
运行	断开	合上	断开	断开	投入
热备用	合上	合上	断开	断开	投入
特殊热备用	合上	合上	断开	合上	投入
冷备用	—	断开	断开	合上	—
检修	—	断开	合上	合上	—

19.5.1.2　南阳站南荆Ⅰ线串补状态定义。

状态	串补旁路开关（T623、T624）	串补刀闸（T6231、T6242）	串补接地刀闸（T62317、T62427）	串补旁路刀闸（T6236）	相应保护装置
运行	断开	合上	断开	断开	投入
热备用	合上	合上	断开	断开	投入
特殊热备用	合上	合上	断开	合上	投入
冷备用	—	断开	断开	合上	—
检修	—	断开	合上	合上	—

19.5.1.3　南阳站南荆Ⅰ线串补Ⅰ、南阳站南荆Ⅰ线串补Ⅱ状态定义（以南阳站南荆Ⅰ线串补Ⅰ为例）。

状态	串补旁路开关（T623）	串补刀闸（T6231、T6242）	串补接地刀闸（T62317、T62427）	串补旁路刀闸（T6236）	相应保护装置
运行	断开	合上	断开	断开	投入
热备用	合上	合上	断开	断开	投入

19.5.2 南阳站、长治站 1000kV 串补刀闸不允许带电操作。一般情况下，带串补线路的送电操作顺序是先将串补转至特殊热备用状态，后送线路，最后操作串补到运行状态。带串补线路的停运操作顺序是先将串补转至特殊热备用状态，后停线路。

19.5.3 带串补的 1000kV 线路应先将串补转特殊热备用状态，再进行试送；带电作业 1000kV 线路故障跳闸后，试送前须同带电作业申请单位确认具备试送条件。

19.5.4 1000kV 串补运行状态与相关的线路保护、失步快速解列装置定值存在对应关系。

19.5.4.1 长南Ⅰ线、南荆Ⅰ线线路保护定值有两个区间，为"串补投运方式"和"串补停运方式"定值区。长南Ⅰ线单侧串补投运、双侧串补投运方式均属于长南Ⅰ线"串补投运方式"定值区，南荆Ⅰ线串补 20% 和 40% 方式均属于南荆Ⅰ线"串补投运方式"定值区；线路串补全停时，线路保护应处于"串补停运方式"定值区。

19.5.4.2 长南Ⅰ线、南荆Ⅰ线失步快速解列装置定值有三个区间，为"串补全投""单[侧|个]串补退出"和"[两侧串补|串补]全退"定值区。长南Ⅰ线两侧串补退出方式和南荆Ⅰ线串补全退方式属于线路"[两侧串补|串补]全退"定值区，长南Ⅰ线单侧串补投运方式和南荆Ⅰ线串补 20% 方式属于线路"单[侧|个]串补退出"定值区，长南Ⅰ线两侧串补投运方式和南荆Ⅰ线串补 40% 方式均属于线路"串补全投"定值区。

20 线路串联电抗无功补偿装置

20.1 保护配置。

20.1.1 线路串联电抗无功补偿装置（简称串抗）未配置单独的保护装置，由线路保护实现其保护功能。

20.1.2 根据串抗运行状态,每套线路保护设置两组定值,为"串抗投运方式"和"串抗停运方式"定值。线路带串抗运行时线路保护应处于"串抗投运方式"定值区,线路不带串抗运行时线路保护应处于"串抗停运方式"定值区。

20.2 状态定义（以林江 I 线串抗为例）。

状态	串抗刀闸 （5121CK1、5121CK2）	串抗接地刀闸 （5121CK17、5121CK27）	串抗旁路刀闸 （51216）
运行	合上	断开	断开
冷备用	断开	断开	合上
检修	断开	合上	合上

20.3 操作术语。

20.3.1 ××站××线串抗由××转××。

20.3.2 ××站××线线路保护 1（2）执行串抗投运（串抗停运）定值。

线路保护 1（2）为统称,实际执行时应采用线路保护正式调度命名。

20.4 运行操作和异常处理。

20.4.1 线路具备带串抗运行和不带串抗运行两种运行状态。

20.4.2 线路送电前,必须核对线路两侧线路保护定值区,确保与串抗运行状态一致。

20.4.3 线路保护定值区切换应在线路冷备用及以下状态,由国调调度员下令操作。

20.4.4 一般情况下，带串抗运行线路的停运操作顺序是先停运线路、后停运串抗；送电操作顺序是先恢复串抗、后恢复线路。串抗刀闸和串抗旁路刀闸的拉合操作，必须在串抗对应线路两侧开关均处于冷备用或以下状态进行。

20.4.5 串抗旁路刀闸不做线路刀闸使用，线路转冷备用或检修，线路开关须在冷备用或检修状态，不允许合串方式运行。

20.4.6 线路转检修操作，串抗须为冷备用及以下状态，串抗旁路刀闸应在合上位置。

20.4.7 安排线路、串抗检修工作时，运维单位应在设备检修申请单中明确串抗、线路和短引线接地刀闸的状态要求；线路或串抗异常或故障处理时，应由现场运行人员明确串抗、线路和短引线接地刀闸状态要求。

20.4.8 带串抗运行的线路跳闸后，现场必须对串抗进行检查，确认设备无异常后，方可带串抗试送线路。

20.4.9 正常情况下，如需进行停运、投运串抗操作，国调应提前通知相应分中心，并按相应控制要求调整运行方式。

21 110kV 及以下低压无功补偿装置

21.1 保护配置。

21.1.1 110kV 及以下低压无功补偿装置（简称低容、低抗）相应保护装置包括该低容、低抗的全部电气量保护。相应保护装置均退出时，无功补偿装置应停运。

21.2 状态定义。

状态	相连开关	相连刀闸	相连接地刀闸	相应保护装置
运行	运行	合上	断开	投入
热备用	热备用	合上	断开	投入
冷备用	冷备用	断开	断开	—
检修	检修	断开	合上	—

21.3　运行操作和异常处理。

21.3.1　一般情况下,低容、低抗的状态转换及相应保护装置的投退操作,由现场根据相关规定、按照电压和无功的调节需要申请,经国调许可进行。

21.3.2　投、退 110kV 及以下低容(低抗)需使用相应低容(低抗)支路开关,选择运行设备时应尽量保证各组低容、低抗的运行时间相对均衡。

22　静止无功补偿装置 SVC

22.1　保护配置。

静止无功补偿装置(简称 SVC)的定值整定和运行操作由相关厂站负责。

22.2　状态定义(以祁连换流站 SVC 为例)。

22.2.1　SVC 相控电抗器(简称 TCR)状态定义。

运行状态	相连开关	相连刀闸	相连接地刀闸
运行	合上	合上	断开
热备用	断开	合上	断开
冷备用	断开	断开	断开
检修	断开	断开	合上

22.2.2　SVC 交流滤波器(FC)状态定义。

运行状态	相连开关	相连刀闸	相连接地刀闸
运行	合上	合上	断开
热备用	断开	合上	断开
冷备用	断开	断开	断开
检修	断开	断开	合上

22.2.3 SVC 状态定义。

运行状态	TCR	两组 FC
运行	运行	至少一组 FC 为运行状态，另一组 FC 可为任一种状态，下令时需明确
热备用	热备用	至少一组 FC 为热备用状态，另一组 FC 可为任一种状态，下令时需明确
冷备用	冷备用	两组 FC 可为任一种状态，下令时需明确
检修	检修	两组 FC 可为任一种状态，下令时需明确

22.3 运行操作和异常处理。

22.3.1 TCR 运行或热备用状态下，现场应确保 SVC 控制系统、继电保护装置及 FC 运行状态满足 SVC 运行条件。

22.3.2 SVC、FC 的状态转换，由现场根据相关规定，经国调许可后操作。SVC 控制模式（交流系统控制或换流站控制）及运行方式（自动控制或手动控制）的转换、控制系统及继电保护装置的投退操作，由现场根据相关规定自行操作。

23 中性点隔直装置

23.1 中性点隔直装置分为电阻型中性点隔直装置和电容型中性点隔直装置，一般加装于变压器（换流变）中性点侧。

23.2 状态定义。

状态	与中性点隔直装置串联的刀闸	与中性点隔直装置并联的接地刀闸
投入	合上	拉开
退出	拉开	合上

23.3 操作术语。

23.3.1 ［退出\|投入］××站××中性点隔直装置。

23.4 运行操作和异常处理。

23.4.1 变压器（换流变）处于热备用或运行状态时，相应隔直装置应处于投入状态。

23.4.2 现场应实时监视变压器（换流变）中性点隔直装置运行情况及中性点直流电流。若中性点隔直装置故障需退出时，应停运相应变压器（换流变）。

24 特高压长南荆系统操作要求

24.1 国调下令对 1000kV 变压器或 1000kV 线路进行停、充电操作前，相应特高压站值班员须先确认 500kV 母线电压满足附录 D 相关要求，再进行操作。如母线电压不满足要求，需向国调申请投、退 110kV 低压无功补偿装置，同时注意控制两台主变与 500kV 系统无功交换。如无法控制母线电压和无功交换同时满足要求，须暂停操作，并立即汇报国调。

24.2 长南 I 线解列、并列及南荆 I 线解环、合环前，国调、相应特高压站值班员须先确认 500kV 母线电压满足附录 D 相关要求，再进行操作。

24.3 正常联网运行时，长治站、南阳站、荆门站应依据相关稳定规定的要求投切 110kV 低压无功补偿装置。因电网故障等原因引起特高压交流联络线有功、无功、电压短时波动时，长治站、南阳站、荆门站 110kV 低压无功补偿设备无需作额外调整。

24.4 长治站、南阳站出现长南 I 线跳开但 110kV 低容仍运行的情况时，长治站、南阳站值班员须立即停运 110kV 低容，同时汇报国调。荆门站出现南荆 I 线跳开但 110kV 低容仍运行的情况时，须立即停运 110kV 低容，同时汇报国调。

24.5 正常方式下，110kV 无功补偿装置因故障或缺陷停运，长治站、南阳站、荆门站须经国调许可及时投入备用无功补偿装置；如无法按要求进行无功补偿装置投退或 110kV 低容已无备用，须立即向国调汇报。

24.6 1000kV 线路故障跳闸后，应立即按相关规定控制断面潮流和母线电压并及时试送，一般试送一次；线路试送前应同现场确认站内相关一、二次设备具备带电运行条件。试送不成功，线路需较长时间停运时，按规定更改相关系统安控装置方式。

24.7 长治站、南阳站、荆门站应至少保持两路站用电源平稳运行。当站内仅剩一路站用电源时，须立即汇报国调，并相应做好站用电源全停预案；当出现站用电源全停时向国调申请停运特高压交流系统。

24.8 当华北—华中电网通过长南Ⅰ线联网运行时，长治站、南阳站应密切监视 1000kV 线路功率。当发现 1000kV 线路功率发生周期性摆动时，应及时向国调汇报。当 1000kV 线路功率发生周期性摆动且摆动幅度逐渐扩大时，长治站、南阳站可不待国调调度指令，直接解列长南Ⅰ线。

25 交流线路融冰操作

25.1 国调直调部分厂站装设了直流融冰装置、融冰刀闸（或融冰短接刀闸），可对相关交流线路进行直流融冰。

25.2 状态定义。

状态	线路开关	线路刀闸	线路接地刀闸	相应保护装置	线路融冰刀闸（线路融冰短接刀闸）
运行	至少有一个线路开关为对应的运行、热备用状态（有特殊要求的可为更低级状态，下令时须在术语中明确）	合上	断开	投入	断开
热备用	合上	断开	投入	断开
冷备用	可为任一种状态，但下令时须在术语中明确	断开	断开	—	断开
	冷备用（有特殊要求的可为检修，下令时须在术语中明确）	未装设			断开

续表

状态	线路开关	线路刀闸	线路接地刀闸	相应保护装置	线路融冰刀闸（线路融冰短接刀闸）
检修	可为任一种状态，但下令时须在术语中明确	断开	合上	—	断开
	冷备用（有特殊要求的可为检修，下令时须在术语中明确）	未装设			断开
融冰	可为任一种状态，但下令时须在术语中明确	断开	断开	退出	合上
	冷备用（有特殊要求的可为检修,下令时须在术语中明确）	未装设			合上

注　线路状态仅对单侧站内设备进行定义；非融冰工作期间，线路融冰刀闸、融冰接短刀闸均应处于分闸状态，现场应确保以上刀闸可靠断开并锁死。线路处于融冰状态时，线路高抗（若装设）应处于冷备用或检修状态。

25.3　运行操作和异常处理。

25.3.1　原则上，不得同时进行相关的两条及以上线路的融冰工作。

25.3.2　线路需进行融冰工作时，由相关省调申请办理线路融冰停电工作票，明确融冰工作停电范围、停电时间及对其他设备的影响及要求。

25.3.3　在线路融冰工作时，相关省调、现场运行人员应密切关注电网电压变化情况，配合进行无功调整，防止母线电压越限。

25.3.4　线路融冰工作期间，如果电网发生异常或事故，国调值班调度员可视情况终止融冰工作。

25.3.5　线路融冰期间，如果融冰装置本体发生故障或异常，由现场值班人员根据现场规程处理，并及时汇报国调值班调度员。

第3章 直流输电系统

26 说明

26.1 本章用于指导国调直调的直流输电系统一次设备及相关继电保护装置的运行和操作。

26.2 直流输电系统中，主设备状态定义中包含对开关、刀闸、接地刀闸、继电保护装置等附属设备的状态要求时，附属设备在运行和操作时的状态应符合主设备的状态定义要求。

27 直流系统术语

27.1 直流输电系统：在两个地理位置之间以高压直流的形式传输能量的电力系统，由两个直流输电换流站的换流器等电气设备和连接它们的直流线路、接地极系统组成。其中，从交流侧向直流侧转换能量的运行状态为整流，从直流侧向交流侧转换能量的运行状态为逆变。一般调度命名为"××直流输电系统"，简称为"××直流"。

27.2 直流背靠背系统：在同一地点的两个交流母线之间传输能量的直流系统。一般调度命名为"××背靠背直流系统"，简称为"××直流"，其中"××"为背靠背直流换流站站名。

27.3 直流线路：直流输电系统中连接不同换流站极母线刀闸（或线路刀闸）之间的线路。一般调度命名为"××直流极×（双极）线路"。

27.4 极系统：端对端直流系统中连接整流换流站和逆变换流站站内交流母线的一套能量传输系统，包括换流器、平波电抗器、直流滤波器、直流线路和接地极系统。

27.5 极：除直流线路、接地极系统外，极系统在换流站内的部分。一般调度命名为"××站××直流极×"。

27.6　背靠背直流单元：背靠背直流输电系统中同一换流站内连接整流、逆变两侧交流母线的一套能量传输系统，包括阀组、平波电抗器等。

27.7　单极大地回线系统：以大地作为直流输电系统中性点间的电流返回通路的一个直流输电极系统。相应的接线方式和运行状态分别为单极大地回线、单极大地回线运行。

27.8　单极金属回线系统：以直流输电线路中的金属导线作为高压直流系统中性点间的电流返回通路的一个直流输电极系统。相应的接线方式和运行状态分别为单极金属回线、单极金属回线运行。

27.9　双极大地回线系统：以大地作为直流输电系统中性点间的电流返回通路的一个直流输电双极系统。相应的接线方式和运行状态分别为双极接线、双极运行。

27.10　换流器：将直流转换成交流或将交流转换成直流的设备，一般包括换流变和对应阀组。一个极里面可以有一个或多个换流器。对于一个极里面含有多个换流器的情况，换流器之间一般采用阴极、阳极刀闸，旁路开关、旁路刀闸等设备进行隔离。

27.11　换流变：连接交流系统和换流阀的变压器，用于在交流母线和换流阀间传输能量。一般调度命名为"××站××直流极（单元）×（××）×××B换流变"。

27.12　换流变中性点隔直装置：接入换流变中性点接地回路用于隔离直流回路的装置。一般调度命名为"××站××B中性点隔直装置"。

27.13　阀组：由可控硅以组件形式串联，并与阻尼回路、分压及可控硅电子设备回路、可控硅控制单元等组成，将直流转换成交流或将交流转换成直流的设备组。

27.14　平波电抗器：极母线上与换流阀串联的电抗器。主要用于平滑直流电流纹波和降低暂态电流。

27.15 交流滤波器：并联在换流站交流母线上，用于补偿无功，同时降低交流母线的谐波电压和注入相连交流系统的谐波电流，包括仅用于补偿无功的并联电容器。一般调度命名为"××站××××交流滤波器"。

27.16 直流滤波器：与平波电抗器和直流冲击电容器（如有时）配合，主要功能用于降低直流输电线路上或接地极线路上的电流或电压波动的滤波器。一般调度命名为"××站极×××××直流滤波器"。

27.17 接地极：放置在大地或海中的导电元件，提供直流系统某一点与大地之间的低阻通路，具有传输连续电流一定时间的能力。

27.18 共用接地极：指由多个换流站共用的接地极。

27.19 接地极系统：由接地极线路、接地极及换流站内金属回线转换开关等设备组成的直流接地系统，在直流电路与大地之间提供低阻通路。一般调度命名为"××站××直流接地极系统"。

27.20 直流控制（保护）系统：由实现换流站内断路器、阀、换流变及其分接开关等一次设备的控制、监视或保护功能的相关二次设备组成的控制（保护）系统。

27.21 直流系统保护：指为特高压、高压以及背靠背换流站的直流系统提供保护的设备，一般包含直流保护、换流变引线和换流变保护、交流滤波器保护（含交流滤波器及其母线保护）。

28　直流设备典型状态

28.1 直流输电系统一次设备主要包括换流器（含换流变、阀组）、平波电抗器、直流滤波器、直流开关和刀闸、直流线路、接地极系统、交流滤波器（含交流滤波器母线上的并联电容器和电抗器，下同）等。

28.2　设备处于热备用、运行状态，以及极处于极连接状态时，相应保护装置应为投入状态。

28.3　交流滤波器。

28.3.1　检修：交流滤波器开关检修。

28.3.2　冷备用：安全措施拆除，交流滤波器开关冷备用。

28.3.3　热备用：安全措施拆除，相关保护投入，交流滤波器开关热备用。

28.3.4　运行：安全措施拆除，相关保护投入，交流滤波器开关运行。

28.4　直流滤波器。

28.4.1　检修：直流滤波器两侧刀闸在拉开位置，两侧接地刀闸在合上位置。

28.4.2　运行：安全措施拆除，相关保护投入，直流滤波器两侧刀闸在合上位置，两侧接地刀闸在拉开位置。

28.5　接地极系统（适用于非共用接地极）。

28.5.1　检修：站内接地极刀闸在拉开位置，站内靠近接地极线路侧接地极地刀在合上位置。若站内有金属回线转换开关，还需金属回线转换开关及其两侧刀闸在拉开位置。

28.5.2　冷备用：安全措施拆除，站内接地极刀闸及其两侧地刀在拉开位置。若站内有金属回线转换开关，还需金属回线转换开关及其两侧刀闸在拉开位置。

28.5.3　运行：安全措施拆除，相关保护投入，若站内有金属回线转换开关，则金属回线转换开关及其两侧刀闸在合上位置，站内接地极刀闸及其两侧地刀在拉开位置。若站内无金属回线转换开关，则站内接地极刀闸在合上位置，站内接地极刀闸两侧地刀在拉开位置。

28.6　接地极系统（适用于共用接地极）。

28.6.1　接地极站内部分。

28.6.1.1　检修：站内接地极刀闸在拉开位置，站内靠近接地极线路侧接地极地刀在合上位置。若站内有金属回线转换开关，还需金属回线转换开关及其两侧刀闸在拉开位置。站内接地极线路刀闸在拉开位置。

28.6.1.2 冷备用：安全措施拆除，站内接地极刀闸及其两侧地刀在拉开位置。若站内有金属回线转换开关，还需金属回线转换开关及其两侧刀闸在拉开位置。站内接地极线路刀闸在拉开位置。

28.6.1.3 运行：安全措施拆除，相关保护投入，若站内有金属回线转换开关，则金属回线转换开关及其两侧刀闸在合上位置，站内接地极刀闸及其两侧地刀在拉开位置。若站内无金属回线转换开关，则站内接地极刀闸在合上位置，站内接地极刀闸两侧地刀在拉开位置。站内接地极线路刀闸在合上位置。

28.6.2 接地极线路。

28.6.2.1 检修：站内接地极线路刀闸在拉开位置，共用接地极侧线路刀闸在拉开位置或共用接地极侧接地极线路隔离引线断引。接地极线路地刀在合上位置，必要时加装安全措施。

28.6.2.2 冷备用：安全措施拆除，站内接地极线路刀闸在拉开位置，共用接地极侧线路刀闸在拉开位置或共用接地极侧接地极线路隔离引线断引。接地极线路地刀在拉开位置。

28.6.2.3 运行：安全措施拆除，相关保护投入，站内接地极线路刀闸在合上位置，共用接地极侧线路刀闸在合上位置或共用接地极侧接地极线路隔离引线接引。接地极线路地刀在拉开位置。

28.6.3 共用接地极。

28.6.3.1 检修：共用接地极各侧接地极线路刀闸均在拉开位置或共用接地极各侧接地极线路隔离引线均断引，共用接地极加装安全措施。

28.6.3.2 运行：共用接地极安全措施拆除，共用接地极任一侧接地极线路刀闸在合上位置或共用接地极任一侧接地极线路隔离引线接引。

28.7　直流线路。

28.7.1　检修：两侧换流站极母线刀闸（葛洲坝、南桥站为极线路刀闸）、旁路线刀闸在拉开位置，线路接地刀闸在合上位置。

28.7.2　冷备用：安全措施拆除，两侧换流站极母线刀闸（葛洲坝、南桥站为极线路刀闸）、旁路线刀闸及线路接地刀闸在拉开位置。

28.7.3　运行：安全措施拆除，相关保护投入，运行极直流线路两侧换流站极母线刀闸（葛洲坝、南桥站还包括极线路刀闸）在合上位置，旁路线刀闸、线路接地刀闸在拉开位置；单极金属回线运行时，非运行极两侧换流站旁路线刀闸在合上位置，极母线刀闸、线路接地刀闸在拉开位置，葛洲坝站、南桥站极线路刀闸在合上位置。

28.8　换流变（常规直流及背靠背直流）。

28.8.1　检修：换流变与交流系统隔离（有换流变交流侧进线刀闸的，要求刀闸在拉开位置；无换流变交流侧进线刀闸的，要求交流侧开关在冷备用及以下状态，下同），直流场极隔离（不包括背靠背直流），换流变各侧接地刀闸在合上位置。

28.8.2　冷备用：安全措施拆除，换流变与交流系统隔离，直流场极隔离（不包括背靠背直流），换流变各侧接地刀闸在拉开位置。

28.8.3　热备用：安全措施拆除，相关保护投入，换流变各侧接地刀闸在拉开位置，换流变交流侧开关在热备用状态（有换流变交流侧进线刀闸的，要求刀闸在合上位置）。

28.8.4　运行：安全措施拆除，相关保护投入，换流变各侧接地刀闸在拉开位置，换流变交流侧开关在运行状态（有换流变交流侧进线刀闸的，要求刀闸在合上位置）。

28.9　换流变（特高压直流）。

28.9.1　检修：换流变与交流系统隔离（有换流变交流侧进线刀

闸的，要求刀闸在拉开位置；无换流变交流侧进线刀闸的，要求交流侧开关在冷备用及以下状态，下同），相应换流器阳极、阴极刀闸拉开，换流变各侧接地刀闸在合上位置。

28.9.2　冷备用：安全措施拆除，换流变与交流系统隔离，相应换流器阳极、阴极刀闸拉开，换流变各侧接地刀闸在拉开位置。

28.9.3　热备用：安全措施拆除，相关保护投入，换流变各侧接地刀闸在拉开位置，换流变交流侧开关在热备用状态（有换流变交流侧进线刀闸的，要求刀闸在合上位置；有中性点隔直装置的，相应隔直装置应处于投入状态）。

28.9.4　运行：安全措施拆除，相关保护投入，换流变各侧接地刀闸在拉开位置，换流变交流侧开关在运行状态（有换流变交流侧进线刀闸的，要求刀闸在合上位置；有中性点隔直装置的，相应隔直装置应处于投入状态）。

28.10　换流变中性点隔直装置。

28.10.1　退出：与中性点隔直装置并联的接地刀闸在合上位置，与中性点隔直装置串联的刀闸在拉开位置。

28.10.2　投入：与中性点隔直装置并联的接地刀闸在拉开位置，与中性点隔直装置串联的刀闸在合上位置。

28.11　阀组（常规直流及背靠背直流）。

28.11.1　检修：换流变与交流系统隔离，直流场极隔离（不包括背靠背直流），阀组相关接地刀闸在合上位置。

28.11.2　冷备用：安全措施拆除，换流变与交流系统隔离，直流场极隔离（不包括背靠背直流），阀组相关接地刀闸在拉开位置。

28.12　阀组（特高压直流）。

28.12.1　检修：换流变与交流系统隔离，相应换流器阳极、阴极刀闸拉开，阀组相关接地刀闸在合上位置。

28.12.2　冷备用：安全措施拆除，换流变与交流系统隔离，相应换流器阳极、阴极刀闸拉开，阀组相关接地刀闸在拉开位置。

28.13 换流器（仅限特高压直流）。

28.13.1 检修：换流变及阀组在检修状态。

28.13.2 冷备用：换流变及阀组在冷备用状态。

28.13.3 热备用：安全措施拆除，相关保护投入，换流变在热备用状态，相应换流器阳极、阴极刀闸，换流器阳极、阴极接地刀闸在拉开位置。

28.13.4 充电：安全措施拆除，相关保护投入，换流变在运行状态，相应换流器阳极、阴极刀闸，换流器阳极、阴极接地刀闸在拉开位置，阀闭锁。

28.13.5 连接：安全措施拆除，相关保护投入，换流变在运行状态，相应换流器阳极、阴极刀闸在合上位置，换流器阳极、阴极接地刀闸在拉开位置，旁通刀闸在拉开位置，阀闭锁。

28.13.6 运行：安全措施拆除，相关保护投入，换流变在运行状态，相应换流器阳极、阴极刀闸在合上位置，换流器阳极、阴极接地刀闸在拉开位置，旁通开关、旁通刀闸在拉开位置，阀解锁。

28.14 极。

28.14.1 直流场极隔离：中性母线开关、金属回线刀闸、大地回线刀闸、极母线刀闸在拉开位置（葛洲坝、南桥站中性母线开关、中性母线刀闸、极母线刀闸在拉开位置）。

28.14.2 直流场极连接：相关保护投入，中性母线开关、金属回线刀闸、大地回线刀闸、极母线刀闸在合上位置（葛洲坝、南桥站中性母线开关、中性母线刀闸、极母线刀闸在合上位置）。

28.14.3 检修：极内所有换流变、阀组、直流滤波器在检修状态，直流场极隔离状态，极母线、中性母线等有关接地刀闸在合上位置。

28.14.4 冷备用：安全措施拆除，极内所有换流变、阀组在冷备用状态，直流场极隔离状态，极母线、中性母线等有关接地刀闸在拉开位置。

28.14.5 热备用：安全措施拆除，相关保护投入，换流变在运行状态（特高压直流为至少有一个换流器在连接状态，本极内非连接状态换流器的旁通刀闸在合上位置），直流场极连接状态，有必备数量的直流滤波器运行，极母线、极线路、中性母线等有关接地刀闸在拉开位置，接地极系统运行（或金属回线运行），阀闭锁。其中，接地极系统运行状态称为单极大地回线（GR）热备用，金属回线运行状态称为单极金属回线（MR）热备用。

28.14.6 运行：相关保护投入，换流变在运行状态（特高压直流为至少有一组换流器在运行状态），直流场极连接状态，有必备数量的直流滤波器运行，极母线、极线路、中性线等有关接地刀闸在拉开位置，接地极系统运行（或金属回线运行），极按确定的方式形成直流回路，阀解锁。

28.14.7 不带线路极开路试验（OLT）状态：极母线刀闸（葛南直流两侧极线路刀闸）拉开，其余设备状态同单极大地回线（GR）热备用。

28.14.8 带线路极开路试验（OLT）状态：本侧单极大地回线（GR）热备用，对侧极线路冷备用。

28.15 背靠背系统单元状态。

28.15.1 检修：双侧换流变、阀组在检修状态。

28.15.2 冷备用：安全措施拆除，双侧换流变、阀组在冷备用状态。

28.15.3 热备用：安全措施拆除，相关保护投入，双侧阀组相关接地刀闸拉开，双侧换流变运行，阀闭锁。

28.15.4 运行：安全措施拆除，相关保护投入，双侧阀组相关接地刀闸拉开，双侧换流变运行，阀解锁。

28.15.5 极开路试验（OLT 试验）状态：安全措施拆除，相关保护投入，双侧阀组相关接地刀闸拉开，待试验侧换流变运行，另一侧换流变与交流侧可靠隔离。

28.16　特殊说明。

28.16.1　葛南直流直流滤波器接地刀闸需手动操作。直流滤波器在检修和运行状态间转换时，由现场值班员负责操作接地刀闸，使其满足相应状态要求。

28.16.2　高岭站 001007、002007、003007、004007 接地刀闸一般情况下应处于拉开状态，仅当单元Ⅰ、单元Ⅱ、单元Ⅲ、单元Ⅳ转至东北侧 OLT 试验状态时，合上对应的 001007、002007、003007、004007 接地刀闸。

28.17　上述设备状态对应的开关、刀闸状态，详见附录 B。

29　直流运行方式

29.1　常规直流极运行方式。

29.1.1　单极运行方式（单极大地回线运行方式和单极金属回线运行方式）、双极运行方式。

29.2　特高压直流极运行方式。

29.2.1　单极双换流器运行方式（以极Ⅰ为例，下同）。
　　两侧换流站极Ⅰ高、低端换流器均为运行状态。

29.2.2　单极单换流器对称运行方式。

29.2.2.1　极Ⅰ高运行方式：两侧换流站的极Ⅰ高端换流器均为运行状态。极Ⅰ低端换流器均为连接或以下状态。

29.2.2.2　极Ⅰ低运行方式：两侧换流站的极Ⅰ低端换流器均为运行状态。极Ⅰ高端换流器均为连接或以下状态。

29.2.3　单极单换流器非对称运行方式。

29.2.3.1　极Ⅰ高低运行方式：整流站极Ⅰ高端换流器、逆变站极Ⅰ低端换流器均处于运行状态。整流站极Ⅰ低端换流器、逆变站极Ⅰ高端换流器均处于连接或以下状态。

29.2.3.2　极Ⅰ低高运行方式：整流站极Ⅰ低端换流器、逆变站极Ⅰ高端换流器均处于运行状态。整流站极Ⅰ高端换流器、逆变站极Ⅰ低端换流器均处于连接或以下状态。

29.2.4　双极全方式。

双极均为单极双换流器运行方式。

注：当接地极系统故障时，若直流系统双极平衡运行，接地极系统退出运行，MRTB开关及刀闸（包括05000刀闸）在拉开位置，直流系统通过NBGS开关短时接地运行。

29.3　直流回线接线方式：单极大地回线方式、单极金属回线方式和双极方式。

29.4　电压方式。

29.4.1　直流输电系统：额定电压方式、降压方式。降压方式下的直流电压可为70%～100%可调（一般为70%或80%的额定电压）。灵绍、昭沂、青豫直流为80%～100%可调。林枫、银东、宾金直流降压方式仅有70%、80%额定电压。雁淮直流降压方式仅有70%额定电压。祁韶、锡泰、鲁固、吉泉直流降压方式仅有80%额定电压。

29.4.2　对于特高压直流系统，单换流器运行时无降压方式。

29.4.3　背靠背系统：额定电压方式（无降压运行方式）。

29.5　潮流方向。

29.5.1　直流输电系统:潮流方向定义为××（换流站名）送××（换流站名）。以特高压复奉直流为例，潮流方向包括复龙送奉贤、奉贤送复龙两种。

29.5.2　高岭背靠背直流：东北送华北、华北送东北。

29.5.3　灵宝背靠背直流：西北送华中、华中送西北。

29.6　有功控制方式。

29.6.1　直流输电系统：双极功率控制、单极功率控制、单极电流控制、紧急电流控制。其中紧急电流控制为通信故障时控制系统自动采用的控制方式。

29.6.2　灵宝背靠背系统：定功率控制、定电流控制。

29.6.3　高岭背靠背系统：功率协调控制、功率独立控制、电流独立控制。

29.7　有功运行方式：联合、独立（灵宝、高岭直流系统无联合、独立方式）。

29.8　无功控制方式：定无功控制、定电压控制。分层接入的特高压直流换流站无功控制方式按照高端、低端换流器分别设置。

29.9　无功运行方式：开放模式（ON）下包括自动、手动两种方式；关闭模式（OFF）下无对应方式。直流系统正常运行时，一般采用开放模式。分层接入的特高压直流换流站无功运行方式按照高端、低端换流器分别设置。

29.10　直流系统运行参数。

系统名称	额定电压（kV）	降压方式	单极（单元）（MW）	双极（单元）（MW）	直流系统额定容量（MW）
复奉直流	±800	70%~100%	160~3200	320~6400	6400
锦苏直流	±800	70%~100%	180~3600	360~7200	7200
宾金直流	±800	70%、80%	200~4000	400~8000	8000
天中直流	±800	70%~100%	200~4000	400~8000	8000
灵绍直流	±800	80%~100%	200~4000	400~8000	8000
祁韶直流	±800	80%	200~4000	400~8000	8000
雁淮直流	±800	70%	200~4000	400~8000	8000
锡泰直流	±800	80%	250~5000	500~10000	10000
鲁固直流	±800	80%	250~5000	500~10000	10000
昭沂直流	±800	80%~100%	250~5000	500~10000	10000
吉泉直流	±1100	80%	300~6000	600~12000	12000
青豫直流	±800	80%~100%	200~4000	400~8000	8000
银东直流	±660	70%、80%	200~2000	400~4000	4000
葛南直流	±500	70%~100%	GR 方式：60~580；MR 方式：60~600	120~1160	1160

续表

系统名称	额定电压（kV）	降压方式	单极（单元）（MW）	双极（单元）（MW）	直流系统额定容量（MW）
龙政、江城、宜华、德宝直流	±500	70%～100%	150～1500	300～3000	3000
林枫直流	±500	70%、80%	150～1500	300～3000	3000
灵宝背靠背直流	单元Ⅰ：-120；单元Ⅱ：166.7	—	单元Ⅰ：40～360；单元Ⅱ：75～750	115～1110	1110
高岭背靠背直流	±125	—	80～750	—	3000（四个单元）

注　表中输送功率均为送端功率。

29.11　直流系统特殊送电方向（反向）下最大功率。

直流系统名称	送电方向	最大功率（MW）
龙政、江城、宜华、林枫直流	华东送华中	1350（单极），2700（双极）
葛南直流	华东送华中	450（单极），900（双极）
复奉直流	华东送西南	5840（双极双换流器）
锦苏直流	华东送西南	6640（双极双换流器）
宾金直流	华东送西南	4000（双极双换流器）
天中直流	华中送西北	4000（双极双换流器）
灵绍直流	华东送西北	4000（双极双换流器）
雁淮直流	华东送华北	7790（双极双换流器）
祁韶直流	华中送西北	4000（双极双换流器）
锡泰直流	华东送华北	5000（双极双换流器）

续表

直流系统名称	送电方向	最大功率（MW）
鲁固直流	华北送东北	8000（双极双换流器）
昭沂直流	华北送西北	5000（双极双换流器）
吉泉直流	华东送西北	11400（双极双换流器）
银东、德宝、高岭、灵宝直流	—	双向最大送电功率一致

29.12 接地极电流安全限值及接地极设计总安时数。

工程名称	接地极电流安全限值（A）	接地极设计总安时数（kA·h）
龙政直流	3000	26806
江城直流	3000	22076
宜华直流	3000	26806
葛南直流	1200	26806
德宝直流	3000	26806
银东直流	3000	27074
复奉直流	3000	35741
锦苏直流	3000	40208
天中直流	2900	44676
宾金直流	3000	34370
灵绍直流	3000	45648
祁韶直流	3000	45648
雁淮直流	3000	45648
锡泰直流	3000	56400
鲁固直流	3000	59800（扎鲁特侧）56400（广固侧）
昭沂直流	3000	56400

续表

工程名称	接地极电流安全限值（A）	接地极设计总安时数（kA·h）
吉泉直流	3000	50140（昌吉侧）52800（古泉侧）
青台接地极（龙政直流龙泉换流站、林枫直流团林换流站共用）	3000	53612
燎原接地极（林枫直流枫泾换流站、葛南直流南桥换流站共用）	3000	26806
共乐接地极（复奉直流复龙换流站、宾金直流宜宾换流站共用）	3000	80417

备注：因对附近管道有影响，雁淮直流、祁韶直流接地极每年累计运行时间按 65kA·h 控制（不包含正常双极平衡运行误差电流产生的安时数），若累计运行安时数即将超过上述数值时，运维单位应立即告知国调值班调度员，国调值班调度员安排直流单极金属回线运行或者根据直流建设部门和直流运维部门建议的运行方式运行。

29.13 直流典型运行方式。

29.13.1 直流典型运行方式下的有功（无功）控制和运行方式。

系统名称	有功		无功	
	控制方式	运行方式	控制方式	运行方式
复奉直流				
锦苏直流				
天中直流				
灵绍直流				
祁韶直流	双极功率控制	联合	定无功|定电压	自动
龙政直流				
江城直流				
葛南直流				

续表

系统名称	有功		无功	
	控制方式	运行方式	控制方式	运行方式
宜华直流	双极功率控制	联合	定无功|定电压	自动
德宝直流				
宾金直流				
雁淮直流				
锡泰直流				
鲁固直流				
昭沂直流				
吉泉直流				
青豫直流				
林枫直流				
银东直流				
灵宝背靠背直流	定功率控制	无		
高岭背靠背直流	功率协调控制			

29.13.2 特高压直流典型方式定义。

29.13.2.1 特高压直流典型方式下的有功（无功）控制和运行方式定义同 29.12.1。

29.13.2.2 双极典型方式一。

（1）潮流方式：××送××。

（2）电压方式：双换流器额定电压\|降压方式。

（3）极运行方式：双极全方式。

（4）回线接线方式：双极方式。

29.13.2.3 双极典型方式二。

（1）潮流方式：××送××。

（2）电压方式：单换流器额定电压方式。

（3）极运行方式：极Ⅰ高运行方式、极Ⅱ高运行方式。

（4）回线接线方式：双极方式。

29.13.2.4 双极典型方式三。

（1）潮流方式：××送××。

（2）电压方式：单换流器额定电压方式。

（3）极运行方式：极Ⅰ低运行方式、极Ⅱ低运行方式。

（4）回线接线方式：双极方式。

29.13.2.5 单极典型方式一。

（1）潮流方式：××送××。

（2）电压方式：双换流器额定电压|降压方式。

（3）极运行方式：极Ⅰ双换流器运行方式。

（4）回线接线方式：GR方式|MR方式。

29.13.2.6 单极典型方式二。

（1）潮流方式：××送××。

（2）电压方式：单换流器额定电压方式。

（3）极运行方式：极Ⅰ高运行方式。

（4）回线接线方式：GR方式|MR方式。

29.13.2.7 单极典型方式三。

（1）潮流方式：××送××。

（2）电压方式：单换流器额定电压方式。

（3）极运行方式：极Ⅰ低运行方式。

（4）回线接线方式：GR方式|MR方式。

注：以上单极典型运行方式均以极Ⅰ为例。

29.13.3 直流以典型方式启动指启动极启动后以典型方式运行，启动具体操作过程由现场负责。

29.14 直流输电系统循环融冰运行方式。

29.14.1 直流循环融冰方式是指直流双极功率异向传输的特殊运行方式。循环融冰方式的调度运行操作管理适用于龙政、宜华、江城、林枫、德宝、银东直流输电系统。

29.14.2　直流循环融冰典型运行方式。

29.14.2.1　潮流方向：一极功率正送，另一极功率反送。

29.14.2.2　接线方式：双极方式。

29.14.2.3　有功控制方式：单极电流控制。

29.14.2.4　有功运行方式：联合。

29.14.2.5　无功控制方式：定无功|定电压。

29.14.2.6　无功运行方式：自动。

29.15　直流输电系统并联融冰运行方式。

29.15.1　直流并联融冰方式是指特高压直流极Ⅰ、Ⅱ高端换流器并联运行，从电网吸收能量融冰的直流特殊运行方式。

29.15.2　并联融冰方式的调度运行操作管理适用于特高压复奉、锦苏、宾金、祁韶直流输电系统。

29.15.3　直流并联融冰典型运行方式。

29.15.3.1　潮流方向：双极功率正送。

29.15.3.2　接线方式：高端换流器并联融冰接线方式。

29.15.3.3　有功控制方式：单极电流控制。

29.15.3.4　有功运行方式：联合。

29.15.3.5　无功控制方式：定无功|定电压。

29.15.3.6　无功运行方式：自动|手动。

30　主控站轮换

30.1　直流输电系统主控站原则上每半年轮换一次，受端换流站每年上半年为主控站，送端换流站每年下半年为主控站（德宝直流宝鸡站每年上半年为主控站，德阳站每年下半年为主控站）。原则上每年6月29日和12月29日，由原主控站向国调值班调度员提出主控站转换申请，国调值班调度员应视情况逐一许可相关换流站进行主控站转换操作。

30.2　原主控站向国调值班调度员提出转换申请前，应与非主控站确认具备转换条件。经国调值班调度员许可后，换流站自行联系进行主控站转换操作。主控站转换后由当前主控站向国调值班调度员汇报操作完成及站内直流系统运行情况。

30.3 主控站转换操作前，非主控站应核实本站的功率计划曲线及有功控制方式与原主控站一致，确保主控站转换后直流输电系统安全、平稳运行。

30.4 下列情况，原则上不进行主控站转换操作。

30.4.1 在电网或直流系统故障、异常时。

30.4.2 直流系统进行操作或功率升降时。

30.4.3 直流系统或极控制保护系统检修时。

30.4.4 换流站站间通信异常或通信发生故障时。

30.5 对于直流输电系统，逆变站为主控站期间，若国调值班调度员下令直流降压运行，逆变站应提前通知本直流系统对侧整流站，整流站根据相关规程规定调整方式完毕后，逆变站再进行直流降压的操作。直流恢复全压方式后，逆变站应通知整流站，整流站根据相关规程规定自行调整方式。

30.6 直流输电系统故障及运行异常期间，国调值班调度员可根据系统运行状况需要，直接下令至非主控站进行直流运行方式调整。必要时，经国调许可后，进行主控站临时转换，故障、异常处理结束后恢复正常方式。

31 直流操作

31.1 直流系统调度操作指令和调度操作许可如下表所示。

直流操作	调度操作指令	调度操作许可
操作内容	1. 直流极系统、背靠背直流单元的启动、停运。 2. 直流接线方式的转换。 3. 除交流滤波器外的直流系统设备状态的转换。 4. 直流潮流方向的转换。	1. 主控站的转换。 2. 输送功率（电流）及其变化率调整。 3. 有功功率和无功功率控制方式、运行方式的调整。 4. 极开路试验（OLT）。 5. 交流滤波器的状态转换。 6. 直流系统保护的投退。

续表

直流操作	调度操作指令	调度操作许可
操作内容	5. 直流电压方式的变更。 6. 执行国调继电保护定值单	7. 最后断路器跳闸装置、最后断路器跳闸接收装置的投退。 8. 交流断面失电判别装置的投退。 9. 直流再启动功能的投退。 10. 直流频率控制器（FC）的投退。 11. 直流动态电压控制策略的投退。 12. 就地与远方操作权的转移。 13. 保证安全的前提下，检修或调试设备的操作

31.2 直流极系统、背靠背直流单元的启动、停运操作。

31.2.1 直流极系统、背靠背直流单元的启动、停运操作，由国调向主控站下令执行。特殊情况下的现场手动紧急停运由换流站依据有关规程执行。

31.2.2 直流极系统、背靠背直流单元的启动操作，应在直流极系统、背靠背直流单元处于热备用状态下执行。

31.2.3 在直流极系统、背靠背直流单元启动前，国调应与换流站（包括非主控站）确认相关设备具备运行条件。

31.2.4 在直流极系统、背靠背直流单元启动、停运操作前后，国调应通知相关分中心。

31.3 直流功率（电流）升降过程中，不进行主控站、有功功率和无功功率控制方式和直流电压方式的调整。

31.4 在执行国调下发的日调度计划曲线（不包括直流启动、停运）时，由换流站值班人员按计划曲线自行进行功率（电流）变化率更改及输送功率（电流）升降的操作，操作前应预先核实目标功率（电流）符合直流系统当前运行方式、设备状态的要求。

31.5 直流潮流反转需将输送功率先下降到最小功率后直流系统闭锁。待直流两侧电网调整方式完毕，国调下令直流系统功率反向解锁，并按要求升功率至目标值。

31.6 直流系统保护软件修改前，应具备由直流技术中心签字的书面申请，经国调许可进行修改工作；直流系统控制软件修改前，应具备主管部门签字的书面申请，汇报国调并由现场做好安全措施，确保软件修改期间相关系统稳定运行。

31.7 直流系统单极大地/金属回线方式转换操作原则。

31.7.1 龙政、江城、宜华、林枫、葛南、德宝、银东直流单极大地回线方式与单极金属回线方式转换操作期间，应保证接地极电流在安全限值及以下。

31.7.2 锦苏、复奉、宾金、天中、灵绍、祁韶、雁淮、锡泰直流单极大地回线方式与单极金属回线方式转换操作期间，应保证接地极电流在额定电流及以下。

31.7.3 直流系统单极大地回线方式、双极电流不平衡方式等产生接地极入地电流的运行方式原则上仅作为故障异常处理、紧急支援等特殊情况下的临时方式，正常运行时应尽可能不产生入地电流。

31.8 直流滤波器操作。

31.8.1 常规±500kV和±660kV换流站直流滤波器均可以在线投退。

31.8.2 ±800kV和±1100kV特高压换流站直流滤波器可以在线退出。

31.8.3 ±800kV特高压换流站直流滤波器在线投入前，若相应极为双换流器运行，应将该极降压至最低运行电压（70%或80%额定电压）后带电投入，或停运该极一个换流器，在±400kV下带电投入；单换流器运行时，在±400kV下可带电投入。

31.8.4 ±1100kV直流滤波器在线投入前，若相应极为双换流器运行，应停运该极一个换流器，在±550kV下带电投入；单换流器运行时，在±550kV下可带电投入。

31.8.5 昌吉站、古泉站直流滤波器户内设备开展检修工作前，若相应极为双换流器运行，换流站应根据站内规程向国调申请停运该极或停运该极一个换流器。

31.9 换流变中性点隔直装置操作。

31.9.1 换流变处于热备用及运行状态时,相应隔直装置应处于投入状态。

31.9.2 现场应实时监视换流变中性点隔直装置运行情况及换流变中性点直流电流,若换流变中性点隔直装置故障需退出时,应停运相应换流变。

31.10 直流循环融冰方式运行操作。

31.10.1 龙政、宜华、江城、林枫、德宝、银东直流循环融冰运行相关操作分别由龙泉站、宜都站、江陵站、团林站、宝鸡站、银川东站负责。

31.10.2 龙政直流循环融冰运行要求三峡左岸电厂合母运行、宜华直流循环融冰运行要求三峡右岸电厂合母运行。

31.10.3 直流循环融冰方式转运行前,相关换流站国调直调直流安控装置应由国调下令退出,非国调直调安控装置由相关分中心根据直流循环融冰运行方式自行调整后汇报国调。

31.10.4 循环融冰运行期间,现场人员应加强运行监控,如发生单极故障闭锁、另一极未闭锁的情况,可不待调度指令立即将另一极手动闭锁,并汇报国调。

31.10.5 政平站、华新站、鹅城站直流站控系统最后断路器跳闸功能中存在低电流判据,相关直流按循环融冰方式转运行前现场应退出该判据,由循环融冰方式转正常方式后现场应投入该判据。

31.11 直流并联融冰方式运行操作。

31.11.1 特高压复奉、锦苏、宾金、祁韶直流并联融冰运行相关操作分别由复龙站、锦屏站、宜宾站、祁连站负责。

31.11.2 直流融冰方式转运行前,相关换流站国调直调直流安控装置应由国调下令调整,非国调直调安控装置由相关分中心根据直流融冰运行方式自行调整后汇报国调。

31.11.3 并联融冰运行期间，现场人员应加强运行监控，如发生单个换流器故障闭锁、另外换流器未闭锁的情况，可不待调度指令立即将另外换流器手动闭锁，并汇报国调。

31.11.4 当正常运行设备、直流控制保护系统、通信通道等出现异常或故障，并影响直流系统融冰运行时，国调根据相关单位建议，视情况采取相应措施。

31.12 国调直调直流系统应具备远程控制功能，远方操作相关规定另行制定。

31.13 特殊说明。

31.13.1 葛南直流接入南桥站 220kV 系统，涉及葛南直流南桥交流侧设备的操作由国调与上海市调按各自直调范围配合完成，操作结果由上海市调向国调汇报。各自直调设备的运行操作情况，如将影响对方设备的运行，应及时通知对方。

31.13.2 灵宝直流单元Ⅰ、Ⅱ为相对独立的背靠背直流单元，不能同时进行单元Ⅰ、Ⅱ的双单元启动和停运操作。

31.13.3 高岭直流单元Ⅰ、Ⅱ、Ⅲ、Ⅳ不能同时进行两个或两个以上单元启动和停运操作。

31.13.4 为保障设备安全，灵绍、雁淮、祁韶直流未进行无通信情况下的逆变侧保护×闭锁试验、整流侧单换流器退出和两侧单换流器投入试验。在灵绍、雁淮、祁韶直流送、受端无通信情况下，应注意以下问题。

31.13.4.1 双换流器运行的极不得手动退出整流侧单换流器。

31.13.4.2 单换流器运行的极不得投入同极另一换流器。

31.13.5 锡泰直流调试中未进行无通信情况下逆变侧保护×闭锁试验，无通信方式不进行换流器在线投退操作。

31.13.6 鲁固直流调试中未进行无通信情况下的逆变侧保护×闭锁试验、整流侧单换流器退出和逆变侧单换流器投入试验。在鲁固直流送、受端无通信情况下，应注意以下问题。

31.13.6.1 双换流器运行的极不得进行整流侧单换流器退出

操作。

31.13.6.2 逆变侧不得进行单换流器投入操作。

31.13.7 昭沂、吉泉直流无站间通信情况下，双换流器运行的极如需退出一组换流器（变为单换流器运行模式），需先退出逆变站侧，再退出整流站侧；单换流器运行的极不允许投入同极另一换流器。

32 典型操作指令

32.1 直流系统启动操作。

32.1.1 直流极×启动（另一极停运，分层接入直流除外）。

序号	调度操作指令内容
1	××站为主控站
2	××直流极×潮流方向为××送××
3	××直流极×电压方式为（[单|双] 换流器）[额定|××× kV] 方式
4	××直流极×有功运行方式为联合
5	××站（整流站）无功运行方式为 [自动|手动]
6	××站（逆变站）无功运行方式为 [自动|手动]
7	××直流极×有功控制方式为 [双极功率|单极功率|单极电流] 控制
8	××站（整流站）无功控制方式为 [定无功|定电压] 控制
9	××站（逆变站）无功控制方式为 [定无功|定电压] 控制
10	××直流极× [功率|电流] 变化率为×× [MW|A] /min，输送 [功率|电流] 为××× [MW|A]，极×转运行

注　除特高压直流外，均省略 [单\|双] 换流器，下同。

32.1.2 直流极×启动（另一极停运，适用于分层接入直流）。

序号	调度操作指令内容
1	××站为主控站

续表

序号	调度操作指令内容
2	××直流极×潮流方向为××送××
3	××直流极×电压方式为（[单|双]换流器）[额定|×××kV]方式
4	××站（非分层接入换流站）××直流无功运行方式为[自动|手动]
5	××站（分层接入换流站）××直流高端换流器无功运行方式为[自动|手动]
6	××站（分层接入换流站）××直流低端换流器无功运行方式为[自动|手动]
7	××直流极×有功控制方式为[双极功率|单极功率|单极电流]控制
8	××站（非分层接入换流站）××直流无功控制方式为[定无功|定电压]控制
9	××站（分层接入换流站）××直流高端换流器无功控制方式为[定无功|定电压]控制
10	××站（分层接入换流站）××直流低端换流器无功控制方式为[定无功|定电压]控制
11	××直流极×[功率|电流]变化率为××[MW|A]/min，输送[功率|电流]为×××[MW|A]，极×转运行

32.1.3 直流极×启动（另一极运行，分层接入直流运行极为双换流器方式）。

序号	调度操作指令内容
1	××站为主控站
2	××直流极×潮流方向为××送××（同运行极方向）
3	××直流极×电压方式为（[单|双]换流器）[额定|×××kV]方式
4	××直流极×有功运行方式为联合
5	××直流极×有功控制方式为[单极功率|单极电流]控制
6	××直流极×[功率|电流]变化率为××[MW|A]/min，输送[功率|电流]为×××[MW|A]，极×转运行

32.1.4 直流极×启动（另一极运行，且运行极仅高（低）端换流器运行，仅适用于分层接入直流）。

序号	调度操作指令内容
1	××站为主控站
2	××直流极×潮流方向为××送××
3	××直流极×电压方式为（［单|双］换流器）［额定|×××kV］方式
4	××站（分层接入换流站）××直流低（高）端换流器无功运行方式为［自动|手动］
5	××直流极×有功控制方式为［单极功率|单极电流］控制
6	××站（分层接入换流站）××直流低（高）端换流器无功控制方式为［定无功|定电压］控制
7	××直流极×［功率|电流］变化率为××［MW|A］/min，输送［功率|电流］为×××［MW|A］，极×转运行

32.1.5 分层接入直流极×高（低）端换流器启动（直流双极运行，且另一极高（低）端换流器停运）。

序号	调度操作指令内容
1	××站（分层接入换流站）××直流高（低）端换流器无功运行方式为［自动|手动］
2	××站（分层接入换流站）××直流高（低）端换流器无功控制方式为［定无功|定电压］控制
3	××直流极×高（低）端换流器转为运行

32.1.6 直流极×启动（另一极运行且有功控制方式为双极功率控制，分层接入直流运行极为双换流器方式）。

序号	调度操作指令内容
1	××站为主控站
2	××直流极×潮流方向为××送××（同运行极方向）

续表

序号	调度操作指令内容
3	××直流极×电压方式为（[单|双]换流器）[额定|×××kV]方式
4	××直流极×有功运行方式为联合
5	××直流极×有功控制方式为[双极功率|单极功率|单极电流]控制
6	××直流极×转运行

注　复奉、锦苏直流运行极为双极功率控制时，待解锁极有功功率控制不能采用双极功率控制。

32.1.7　直流极×启动（另一极运行且运行极仅高（低）端换流器运行，运行极有功控制方式为双极功率控制，仅适用于分层接入直流）。

序号	调度操作指令内容
1	××站为主控站
2	××直流极×潮流方向为××送××
3	××直流极×电压方式为（[单|双]换流器）[额定|×××kV]方式
4	××站（分层接入换流站）××直流低（高）端换流器无功运行方式为[自动|手动]
5	××直流极×有功控制方式为[双极功率|单极功率|单极电流]控制
6	××站（分层接入换流站）××直流低（高）端换流器无功控制方式为[定无功|定电压]控制
7	××直流极×转运行

32.1.8　直流双极启动（分层接入直流除外）。

序号	调度操作指令内容
1	××站为主控站
2	××直流双极潮流方向为××送××

续表

序号	调度操作指令内容
3	××直流［双极|极Ⅰ|极Ⅱ］电压方式为（［单|双］换流器）［额定|×××kV］方式
4	××直流双极有功运行方式为联合
5	××站（整流站）无功运行方式为［自动|手动］
6	××站（逆变站）无功运行方式为［自动|手动］
7	××直流双极有功控制方式为双极功率控制
8	××站（整流站）无功控制方式为［定无功|定电压］控制
9	××站（逆变站）无功控制方式为［定无功|定电压］控制
10	××直流双极［功率|电流］变化率为××［MW|A］/min，输送［功率|电流］为×××［MW|A］，双极转运行

32.1.9　直流双极启动（仅适用于分层接入直流）。

序号	调度操作指令内容
1	××站为主控站
2	××直流双极潮流方向为××送××
3	××直流［双极|极Ⅰ|极Ⅱ］电压方式为（［单|双］换流器）［额定|×××kV］方式
4	××站（非分层接入换流站）××直流无功运行方式为［自动|手动］
5	××站（分层接入换流站）××直流高端换流器无功运行方式为［自动|手动］
5	××站（分层接入换流站）××直流低端换流器无功运行方式为［自动|手动］
6	××直流双极有功控制方式为双极功率控制
7	××站（非分层接入换流站）××直流无功控制方式为［定无功|定电压］控制
8	××站（分层接入换流站）××直流高端换流器无功控制方式为［定无功|定电压］控制

续表

序号	调度操作指令内容
9	××站（分层接入换流站）××直流低端换流器无功控制方式为［定无功|定电压］控制
10	××直流双极［功率|电流］变化率为××［MW|A］/min，输送［功率|电流］为×××［MW|A］，双极转运行

32.1.10 背靠背直流单元×启动（高岭直流其余单元停运，灵宝直流另一单元停运或运行）。

序号	调度操作指令内容
1	××直流单元×潮流方向为××送××
2	××直流无功运行方式××侧为［自动|手动］，××侧（对侧）为［自动|手动］
3	××直流单元×有功控制方式为［功率协调|功率独立|电流独立|定功率|定电流］控制
4	××直流无功控制方式××侧为［定无功|定电压］控制，××侧（对侧）为［定无功|定电压］控制
5	××直流单元×［功率|电流］变化率为××［MW|A］/min，输送［功率|电流］为×××［MW|A］，单元×转运行

注　操作令中灵宝直流无功运行方式、无功控制方式均为待启动单元。

32.1.11 高岭直流单元×启动（有其他单元运行）。

序号	调度操作指令内容
1	××直流单元×潮流方向为××送××（同运行单元方向）
2	××直流单元×有功控制方式为［功率独立|电流独立］控制
3	××直流单元×［功率|电流］变化率为××［MW|A］/min，输送［功率|电流］为×××［MW|A］，单元×转运行

32.1.12 常规直流及背靠背直流典型方式启动。

序号	调度操作指令内容
1	××直流［双极|极×|单元×］潮流方向为××送××
2	××直流［双极|极×|单元×］电压方式为［额定|×××kV］方式
3	××直流［双极|极×|单元×］以典型方式启动

注　主控站按照操作指令要求和典型运行方式定义，设定运行、控制方式，以最小输送功率启动直流双极（极×、单元×）。启动成功后，有功控制方式和输送功率（电流）调整由主控站按照国调的调度计划或许可进行，下同。

32.1.13　特高压直流典型方式启动。

序号	调度操作指令内容
1	××直流［双极|极×］潮流方向为××送××
2	××直流［双极|极×］电压方式为［双换流器额定|双换流器×××kV|单换流器额定］方式
3	××直流［双极|极×］以［双极|单极］典型方式×启动

32.1.14　豫南换流站启动操作参照分层接入直流。

32.2　停运操作。

32.2.1　直流极×停运（另一极停运）。

序号	调度操作指令内容
1	××直流极×［功率|电流］变化率为××［MW|A］/min，极×停运

32.2.2　直流极×停运（另一极运行）。

序号	调度操作指令内容
1	××直流极×（运行极）有功控制方式为双极功率控制
2	××直流极×（停运极）有功控制方式为［单极功率|单极电流］控制
3	××直流极×［功率|电流］变化率为××［MW|A］/min，极×停运

32.2.3 直流双极停运。

序号	调度操作指令内容
1	××直流双极有功控制方式为双极功率控制
2	××直流双极［功率|电流］变化率为××［MW|A］/min，双极停运

32.2.4 直流单元×停运（高岭直流其他单元均已停运，灵宝直流另一单元停运或运行）。

序号	调度操作指令内容
1	××直流单元×［功率|电流］变化率为××［MW|A］/min，单元×停运

32.2.5 高岭直流单元×停运（高岭直流有其他单元运行）。

序号	调度操作指令内容
1	高岭直流单元×、单元××、…（保持运行的单元）有功控制方式为功率协调控制
2	高岭直流单元×（停运单元）有功控制方式为［功率独立|电流独立］控制
3	高岭直流单元×［功率|电流］变化率为××［MW|A］/min，单元×停运

32.3 直流［循环\|并联］融冰方式启停操作令。
32.3.1 直流［循环\|并联］融冰方式转运行。

序号	调度操作指令内容
1	××直流极Ⅰ潮流方向为××送××
2	××直流极Ⅱ潮流方向为××送××
3	××直流双极电压方式为［额定|×××kV|单换流器额定］方式
4	××直流按［循环|并联］融冰方式转运行

32.3.2　直流［循环|并联］融冰方式停运。

序号	调度操作指令内容
1	××直流按［循环|并联］融冰方式停运

32.4　极、单元状态转换。

32.4.1　常规直流：××站××直流极×转为［检修|冷备用|极隔离|极连接|单极大地回线热备用|单极金属回线热备用|不带线路 OLT 试验状态|带线路 OLT 试验状态］，<××××开关××|保持冷备用及以下状态>。

32.4.2　特高压直流：××站××直流极×转为（检修|冷备用|极隔离|极连接|［双|高端|低端］换流器［单极大地回线热备用|单极金属回线热备用|不带线路 OLT 试验状态|带线路 OLT 试验状态］），<××××开关××|保持冷备用及以下状态>，<［高端|低端］换流器××>。

注：换流变相连交流开关状态有特殊要求的，须在术语中明确；换流变装设出线刀闸，极×操作目标状态为冷备用或检修时，换流变相连交流开关状态须在术语中明确。对于极状态转换过程中对其中的某一换流器（高端或低端）状态有特殊要求的，须在术语中明确。

32.4.3　背靠背直流：××直流单元×转为［检修|冷备用|热备用|××侧 OLT 试验状态］，<××××开关××|保持冷备用及以下状态>。

注：换流变相连交流开关状态有特殊要求的，须在术语中明确。

32.5　阀组状态转换。

32.5.1　常规直流：××站××直流极×阀组转为［检修|冷备用］。

32.5.2　特高压直流：××站××直流极×［高端|低端］阀组转为［检修|冷备用］。

32.6　换流器操作（仅限特高压直流）。

32.6.1 ××站××直流极×［高端|低端］换流器转为［检修|冷备用|热备用|充电|连接］，<××××开关××|保持冷备用及以下状态>。

注：换流器相连交流开关状态有特殊要求的，须在术语中明确，下同。

32.6.2 ××直流极×［高端|低端］换流器转为［连接|运行］。

注：（1）两换流站投入换流器的位置对称。

（2）有站间通信时，某极一侧的一个换流器退出运行，对侧的对称换流器退出运行。无站间通信时，某极一侧的一个换流器退出运行，对侧的总是低端换流器退出运行。

32.6.3 ××直流极×××站高（低）端换流器、××站低（高）端换流器转为运行。

注：两换流站投入换流器的位置不对称。

32.6.4 特殊说明。

苏州换流站在直流正常停运时，存在阀控动作跳开换流器进线开关的风险。若须退出锦苏直流单换流器（不含直流系统某极单换流器运行方式下停运该极的操作），为防止苏州侧换流器进线开关跳闸影响同串另一间隔设备的运行，按照如下原则进行操作：当苏州侧需停运换流器同串的另一间隔设备仅通过中开关运行时（另一边开关停运），须控制此换流器所在极的电流不大于2000A后，再进行换流器退出操作；其他情况下可直接进行换流器在线退出操作。

注：苏州换流站查明故障跳闸原因并消除缺陷后，上述特殊操作要求自动作废。

32.7 直流回线方式转换。

32.7.1 ××直流极×由单极［大地|金属］回线方式运行转为单极［金属|大地］回线方式运行。

32.7.2 ××直流极×由单极［大地|金属］回线热备用转为单极［金属|大地］回线热备用。

注：另一极需停运并处于极隔离或以下状态。

32.8　电压方式变更。

××直流［双极|极×］电压方式由［额定|××× kV］方式运行改为［××× kV|额定］方式运行。

32.9　中性点隔直装置投入/退出。

（1）投入××站××中性点隔直装置。

（2）退出××站××中性点隔直装置。

32.10　其他直流设备状态转换。

××站××直流＜极×|单元×＞××（设备）由××转××。

32.11　开关、刀闸等设备操作以及保护装置操作参考交流设备操作术语。

33　极开路试验（OLT）

33.1　极开路试验原则。

33.1.1　极开路试验分为直流输电系统极开路试验和背靠背系统极开路试验，其中直流输电系统极开路试验包括不带线路极开路试验和带线路极开路试验。

33.1.2　直流系统正常停运后，如直流设备无检修工作，启动前可不进行极开路试验。

33.1.3　特高压直流以下情况不需要进行 OLT 试验。

33.1.3.1　换流阀局部或少量晶闸管、触发板、光纤更换等。

33.1.3.2　直流控制保护系统检修后。

33.1.3.3　VBE 更换光发射板、接收板后。

33.1.3.4　换流变检修后。

33.1.3.5　其他通过设备单体检测、试验可以验证完好性的检修工作。

33.1.4　直流线路检修后，在正式送电前，应由任一换流站进行带线路 OLT 试验；试验成功后，该直流线路具备正式送电条件。

33.1.5 直流因线路故障闭锁后，在正式送电前，一般应由任一换流站进行带线路 OLT 试验，若试验成功，该线路具备正式送电条件。

33.1.6 直流系统阀厅内设备、极母线、平波电抗器等直流设备检修或故障后，相应换流站的检修或故障极应进行不带线路极开路试验，试验成功方具备正式送电条件。

33.1.7 一般情况下，直流输电系统两侧换流站及直流线路均需进行极开路试验时，由一侧换流站进行不带线路极开路试验，由另一侧换流站进行带线路极开路试验。带线路极开路试验不成功，可进行不带线路极开路试验，以确定缺陷设备的具体位置，也可转由对侧换流站进行带线路极开路试验。

33.1.8 特高压直流系统单极单换流器进行 OLT 试验时，极内另一换流器应处于冷备用及以下状态。

33.1.9 直流输电系统两侧换流站站间通讯故障时，一般不进行带线路极开路试验；如确需进行，应电话联系对侧换流站确定接线方式满足极开路试验要求。

33.2 极开路试验条件。

33.2.1 直流输电系统（不包括背靠背直流）极开路试验条件。

33.2.1.1 试验侧换流变运行，阀闭锁，直流场接线满足极开路试验要求（带线路极开路试验要求对侧试验极直流线路在冷备用状态）。

33.2.1.2 试验极为独立控制方式或 OLT 试验模式。

33.2.1.3 对侧换流站相同极不在极开路试验模式。

33.2.1.4 试验侧换流站直流极母线感应电压不大于定值。

33.2.1.5 站间通信正常。

33.2.2 背靠背直流极开路试验条件。

33.2.2.1 试验侧换流变运行，阀闭锁，接线满足极开路试验要求。

33.2.2.2 非试验侧换流变与交流系统可靠隔离。

33.3 极开路试验模式。

33.3.1 极开路试验可选择自动模式或手动模式。一般情况下，应采取自动模式，当自动模式无法进行或试验失败时，可视情况采取手动模式。

33.3.2 手动模式设定试验电压范围为 0 至额定电压。采取手动模式时，换流站应按照站内规程规定，分挡位逐步提高直流电压，在电压达到每一挡位时，应保持一段时间（一般为 1~2min），确认直流系统运行稳定后再开始下一步升压过程。

33.4 极开路试验结果及结论。

33.4.1 极开路试验电压升至设定值，并保持此值稳定运行 120s（或自动模式下的控制系统设定值），即认为该电压下极开路试验成功，记此电压为试验电压 U_d。

33.4.2 直流输电系统采用不同模式进行极开路试验时，试验结果与对应结论如下表。

模式	不带线路 OLT 试验电压	带线路 OLT 试验电压	试验结论
自动	$U_d \geqslant U_{额定}$	$U_d \geqslant 0.9U_{额定}$	具备全压启动条件
自动	$U_d < U_{额定}$	$U_d < 0.9U_{额定}$	经国调许可后转手动模式重新试验
手动	$U_d \geqslant U_{额定}$	$U_d \geqslant 0.9U_{额定}$	具备全压启动条件
手动	$0.7U_{额定}^* \leqslant U_d < U_{额定}$	$0.7U_{额定}^* \leqslant U_d < 0.9U_{额定}$	具备降压启动条件

* 降压模式下最低电压为 $0.8U_{额定}$ 的，参考值为 $0.8U_{额定}$。

33.4.3 背靠背系统采用自动模式进行极开路试验时，U_d 达到额定电压，则试验侧具备运行条件；U_d 未达到额定电压，经国调许可后转手动模式重新试验；手动模式下，U_d 达到额定电压，则试验侧具备运行条件。

33.5 极开路试验操作流程。

33.5.1 直流设备、直流线路检修工作结束，相关安全措施已拆除（或直流系统故障后），经检查已具备恢复条件。换流站向国调申请进行极开路试验，国调根据现场情况安排极开路试验的方式及顺序。

33.5.2 直流输电系统两端站待试验极（或背靠背直流待试验单元）调整至试验所需状态后，国调许可进行相应极开路试验。

33.5.3 试验成功后，国调许可相应换流站恢复至试验前状态，换流站退出极开路试验模式后，向国调汇报。

33.5.4 极开路典型操作流程见附录 E。

34 直流异常及故障处理

34.1 当换流站国调直调设备出现异常时，值班人员应及时向国调汇报并提出处理建议。

34.2 换流变、平波电抗器等直流设备应定期进行油色谱分析等常规检查，当送检项目指标出现恶化趋势时，换流站应主动向国调汇报；当送检项目指标达到国家或行业规定的告警值时，换流站应及时向国调申请采取必要措施。

34.3 换流阀。

34.3.1 当换流阀出现可控硅元件故障信号时，换流站应加强设备巡视，并及时向国调汇报。

34.3.2 当在一个换流阀单阀中出现规定数目的可控硅（晶闸管）故障信号时，换流站应根据现场站内规程向国调申请紧急停运该极（单元、换流器）。各换流站换流阀故障信号的规定数目见下表。

直调厂站	故障信号规定数目
中州站极Ⅱ	5
银川东站、胶东站、金华站极Ⅱ	4

直调厂站	故障信号规定数目
龙泉站、政平站、江陵站、鹅城站、宜都站、华新站、葛洲坝站、南桥站、德阳站、宝鸡站、团林站、枫泾站、灵州站、绍兴站、雁门关站、淮安站、祁连站、韶山站、锡盟换流站、泰州站、扎鲁特站、广固站、灵宝站单元Ⅰ西北侧、锦屏站极Ⅱ低端、天山站极Ⅰ、中州站极Ⅰ、宜宾站极Ⅱ、金华站极Ⅰ、伊克昭站、沂南站、昌吉站、古泉站、青南站、豫南站	3
灵宝站单元Ⅰ华中侧、灵宝站单元Ⅱ、高岭站、复龙站、奉贤站、锦屏站（除极Ⅱ低端）、苏州站、天山站极Ⅱ、宜宾站极Ⅰ	2

34.4　直流滤波器。

34.4.1　对于龙政、江城、宜华、德宝、林枫直流系统，每站每极可以在缺少一组直流滤波器的情况下运行；如每站每极缺少两组直流滤波器，则该极不能运行。对于葛南直流系统，每极可以在缺少一组直流滤波器的情况下运行；如每极缺少两组直流滤波器，则该极不能运行。对于银东直流系统，每站每极可以在缺少一组直流滤波器的情况下运行，但必须保证至少一站的 012 LB（022 LB）直流滤波器运行；如每站每极缺少两组直流滤波器，则该极不能运行。对于特高压直流系统，每站每极各有一组直流滤波器，直流极系统可在缺少其中一组直流滤波器的情况下运行；若两组直流滤波器均停运，则该极不能运行。

34.4.2　对于葛南直流系统，直流滤波器电容器不平衡保护Ⅰ段发告警信号时，换流站应及时向国调汇报并加强监视，如系统条件许可，国调可下令将故障直流滤波器退出运行进行处理。直流滤波器电容器不平衡保护Ⅱ段发告警信号时，换流站应及时向国调汇报并申请将直流滤波器退出运行，国调应在 2h 内将故障直流滤波器退出运行。直流滤波器电容器不平衡保护Ⅲ段动作跳闸后，换流站应及时向国调汇报故障情况。

34.4.3　对于除葛南直流外的直流系统，直流滤波器电容器不平衡保护发告警信号时，换流站应及时向国调汇报并加强监视，同时按照站内规程要求向国调提出停运直流滤波器、降低直流功率或停运直流对应极等申请，国调视情况进行处理。

34.5 交流滤波器。

34.5.1 交流滤波器电容器不平衡保护Ⅰ段发告警信号时，换流站应及时向国调汇报并加强监视，如系统条件允许，国调可以许可将故障交流滤波器退出运行进行处理。

34.5.2 交流滤波器电容器不平衡保护Ⅱ段发告警信号时，换流站应及时向国调汇报并申请将交流滤波器退出运行，国调应在2h内将故障交流滤波器退出运行。交流滤波器电容器不平衡保护Ⅲ段动作跳闸后，换流站应立即汇报国调。

34.5.3 交流滤波器发失谐保护告警信号时，应加强监视；交流滤波器发过流保护、零序电流保护告警信号时，根据站内要求可将故障交流滤波器退出运行进行处理；交流滤波器发电阻过负荷保护、L1电抗过负荷保护、L2电抗过负荷保护Ⅱ段等告警信号时，现场运行人员按站内规程申请故障交流滤波器退出运行进行处理。

34.5.4 停运故障的交流滤波器时，应全面考虑系统运行方式，必要时可以降低直流输送功率。

34.6 接地极线路及接地极故障时，可采取改变直流系统接线方式的方法将接地极线路隔离。如接地极线路无法隔离，应将直流系统停运。

34.7 接地极线路。

34.7.1 复奉、锦苏直流两端每组接地极线路的1h过负荷能力为3000A，单极大地方式下接地极线路单组过负荷后将启动功率回降，自动将电流回降至3000A，之后运行人员应在1h内将电流降至每组接地极线路的长期耐受水平（送端2640A、受端2550A）。

34.7.2 宾金直流两端每组接地极线路的400h过负荷能力为

3450A，单极大地方式下接地极线路单组过负荷后将启动功率回降，自动将电流回降至 3450A，之后运行人员应在 400h 内将电流降至每组接地极线路的长期耐受水平（3100A）。

34.7.3　灵绍、祁韶、雁淮直流两端每组接地极线路的 2h 过负荷能力为 3000A，单极大地方式下接地极线路单组过负荷后将启动功率回降，自动将电流回降至 3000A，之后运行人员应在 2h 内将电流降至每组接地极线路的长期耐受水平（2770A）。

34.7.4　锡泰直流接地极线路的每组接地极线路 2h 过负荷能力为 3750A，长期过负荷能力为 3570A。接地极线路大电流运行中发生单支路断线时，控制保护会自动降电流至 2h 过负荷电流（3750A），后续运行人员应在 2h 之内手动降电流至 3000A。

34.7.5　鲁固直流接地极线路的每组接地极线路过负荷能力为 3562A。接地极线路大电流运行中发生单支路断线时，控制保护会自动降电流至 3562A，后续运行人员应在 2h 之内手动降电流至 3000A。

34.7.6　昭沂直流接地极线路的每组接地极线路 2h 过负荷能力为 3750A，接地极线路大电流运行中发生单支路断线时，控制保护会自动降电流至 2h 过负荷电流（3750A），后续运行人员应在 2h 之内手动降电流至 3000A。

34.7.7　接地极线路发生故障，运行人员应立即向国调汇报，并提出相关运行控制建议。

34.7.8　接地极线路差动保护是接地极线路的后备保护措施，该保护退出运行时，不影响直流输电系统正常运行。

34.8　直流线路再启动功能只在整流站起作用，当直流线路有带电工作需要退出线路再启动功能时，值班调度员应许可整流站退出直流线路再启动功能。对于宾金、雁淮、锡泰、鲁固、林枫、银东直流，因主控站在逆变站而无法在整流站退出再启动功能的情况，可临时将主控站切换至整流站，完成相关操作后将主控站切回逆变站。

34.9 降压运行。

34.9.1 直流系统线路保护动作启动再启动功能，导致直流线路出现降压或全压再启动成功情况时，换流站向国调汇报内容应包括故障时间、发生故障极、目前该极运行电压、线路保护动作情况、再启动次数、故障测距及本站天气状况等。

34.9.2 如短时间内频繁（三次或三次以上）全压再启动成功，国调应视情况调整直流电压和送电功率，可降压至对应的最低允许电压方式运行。

34.9.3 因天气原因一极降压再启动成功，在不影响送电功率的前提下，国调可视情况下令另一极降至同样电压运行。

34.9.4 对于再启动功能动作后建立的直流系统运行电压，在接到线路运行维护单位关于线路具备升压条件的汇报前，一般不做调整，维持该运行电压。

34.9.5 如换流站或线路运行维护单位因天气等原因提出降压运行并明确具体电压，国调应视系统运行情况下令降压运行。如无明确电压要求，原则上±500kV 直流系统降压至 70%额定电压运行；银东直流降压至 70%额定电压运行；特高压直流可降压至对应的最低允许电压方式运行。在相关影响因素消除后，由申请降压单位提出恢复正常运行方式申请。

34.9.6 线路维护单位或换流站在确认直流线路、站内设备具备额定电压方式运行后应及时汇报，国调下令恢复额定电压方式运行。

34.10 当直流系统发生单极（单元）或换流器闭锁后，若运行极（单元）或换流器出现过负荷情况，主控站值班员应不待国调调度指令立即将该极（单元）或换流器输送功率控制到当前电压水平下最大允许功率（一般情况下不使用过负荷能力），并立即向国调汇报。国调采取以下处置措施。

直流系统名称	处置措施	消除入地电流或将入地电流控到安全限值以下的时间要求
龙政、江城、宜华、林枫、葛南、德宝、银东	确保在规定时间内将入地电流控到安全限值以下或消除入地电流（转为金属回线运行或恢复双极运行）。若直流因非线路故障而闭锁，经核实直流运行极具备金属回线转换条件后，应立即进行金属回线转换，若不具备转换条件或转换不成功，应立即将入地电流控制到安全限值或以下；若直流因线路故障而闭锁，经核实直流闭锁极具备进行带线路 OLT 试验条件后，应立即进行带线路 OLT 试验，试验成功后恢复闭锁极运行，若不具备带线路 OLT 试验条件或试验不成功，应立即将入地电流控制到安全限值或以下	3h
复奉、锦苏		3h
宾金、天中、灵绍、雁淮、祁韶、锡泰、鲁固、昭沂、吉泉		2h

34.10.1　特高压直流线路故障，高端换流器重启成功后，一般应待线路运维人员汇报线路具备全压运行条件后，再恢复低端换流器运行。

34.10.2　在确有需要进行单极大地回线或双极不平衡运行情况下，可以在安全限值及以下运行，运行时间按接地极设计总安时数控制。江城直流还应参考南网总调意见控制直流入地电流，以避免引起鹅城换流站周围变压器偏磁。

34.10.3　换流站运行人员负责接地极已用安时数的统计监视，并及时向调度部门提出不平衡方式运行约束及建议。

34.11　若因直流线路或直流场设备故障导致直流系统停运，国调可视情况进行一次 OLT 试验；若 OLT 试验不成功，应根据线路运行维护单位或换流站检查结果确定处理方案；若 OLT 试验成功，视情况恢复直流系统运行。

34.12　在站间通信异常时，一般不进行直流极系统启动、停运、直流功率（电流）调整操作。

34.12.1　如需操作启动，应将有功功率运行方式设为独立控制，两站通过电话联系，分别设置潮流方向，逆变站先进行解锁操作，整流站后进行解锁操作，待直流解锁后，再在整流站通过功率（电流）指令改变输送功率（电流）。

34.12.2　如需操作停运，应将有功功率运行方式设为独立控制，整流站降低功率（电流）至最小值，两站通过电话联系，由整流站先进行闭锁操作，逆变站后进行闭锁操作。

34.12.3　如需调整直流功率（电流），应将有功运行方式设为独立控制，由整流站执行操作。

34.13　直流控制（保护）系统出现异常时，在向国调汇报后，换流站值班员应根据现场规程采取安全有效的措施尽快排除异常，异常消除后及时向国调汇报。

34.14　直流融冰方式运行。

34.14.1　融冰运行期间，现场人员应加强运行监控，如发生单极故障闭锁、另一极未闭锁的情况，可不待调度指令立即将另一极手动闭锁，并汇报国调。

34.14.2　当直流运行设备、直流控制（保护）系统、通信通道等出现异常或故障，并影响直流系统融冰运行时，国调根据相关单位建议，视情况采取相应措施。

34.15　当出现其他影响直流系统送电能力的设备异常或缺陷时，国调根据相关单位建议，可视情况采取降低直流功率、停运直流等措施。

35　站间最后断路器

35.1　对于逆变站交流出线均接至同一个对端交流站且交流出线不多于两回的情况下，逆变侧站间最后断路器跳闸功能应投入，当站间最后断路器跳闸功能均退出时，直流系统应停运。除特殊要求外，当换流站作为整流站运行时，该侧相应的站间最后断路器跳闸功能应退出。德宝直流西南送西北方式下，需投入德阳站站间最后断路器跳闸功能，当站间最后断路器跳闸功能均退出时，按德阳安控系统停运方式控制德宝直流限额。

35.2　国调直调最后断路器跳闸（接收）装置的投退，由国调调度许可操作。

35.3　站间最后断路器跳闸功能一般由最后断路器跳闸装置及最后断路器跳闸接收装置构成。最后断路器跳闸装置与接收装置一一对应，应保持状态一致。投入时，应先投入最后断路器跳闸装置，再投入最后断路器跳闸接收装置；退出时，应先退出最后断路器跳闸接收装置，再退出最后断路器跳闸装置。

35.4　江城直流在博罗站配置了站间最后断路器跳闸逻辑功能，在安自装置中实现，由南网总调管理。若两套最后断路器跳闸逻辑均退出时，江城直流需陪停。鹅城站三峡安控装置接收博罗站安控装置发送的闭锁江城直流指令。鹅城站、博罗站安控装置一一对应，应保持状态一致。投入时，应先投入博罗站装置，再投入鹅城站装置；退出时，应先退出鹅城站装置，再退出博罗站装置。若安控装置进行相关工作或因异常退出，应及时相互通报。

35.5　灵宝直流单元 I 220kV 侧在紫东站配置了站间最后断路器跳闸逻辑功能，经灵紫线双套线路保护传送实现（无装置），由华中分中心调度，国调许可。当任意一侧两套最后断路器跳闸逻辑均退出时，灵宝单元 I 需陪停。灵宝站灵灵线#3M 侧最后断路器跳闸装置 1（2）与灵灵线#1M 侧最后断路器跳闸接收装置 1（2）一一对应，最后断路器跳闸装置与对应的接收装置应同时投退，单元 I 直流功率方向为华中送西北时，投入灵灵线#3M 侧最后断路器跳闸装置 1、2 和灵灵线#1M 侧最后断路器跳闸接收装置 1、2，可以短时退出一套最后断路器跳闸装置和对应的接收装置，不允许两套同时退出。

35.6　最后断路器跳闸（接收）装置调度命名。

35.6.1　在国调直调直流输电系统范围内，最后断路器跳闸装置及接收装置调度命名汇总如下表所示。

序号	换流站	最后断路器跳闸接收装置	对端变电站	最后断路器跳闸装置
1	政平站	政平站最后断路器跳闸接收装置1、2	武南站	第一套、第二套最后断路器跳闸装置
2	华新站	华新站最后断路器跳闸接收装置1、2	黄渡站	第一套、第二套最后断路器跳闸装置
3	德阳站	德阳站最后断路器跳闸接收装置1、2	谭家湾站	最后断路器跳闸装置1、2
4	枫泾站	枫泾站最后断路器跳闸接收装置1、2	练塘站	第一套、第二套最后断路器跳闸装置
5	高岭站	东北侧最后断路器跳闸接收装置1、2	沙河营站	沙河营站最后断路器跳闸装置1、2
6	灵宝单元Ⅱ	单元Ⅱ华中侧最后断路器跳闸接收装置1、2	陕州站	CSS-100BE型第一套、第二套最后断路器跳闸装置
7	灵宝站#1M侧	灵灵线#1M侧最后断路器跳闸接收装置1、2	灵宝站#3M侧	灵灵线#3M侧最后断路器跳闸装置1、2

注 对端变电站内最后断路器跳闸装置为国调许可设备，换流站内最后断路器跳闸接收装置为国调直调设备。

36 交流断面失电判别装置

36.1 古泉、施州、宜昌换流站均配置两套交流断面失电判别装置。

36.2 古泉站交流断面失电判别装置为国调直调，投退由国调许可操作；对侧芜湖站交流断面失电判别装置委托华东分中心调度管辖，为国调许可设备。

36.3 施州站张州断面失电判别装置和施恩断面失电判别装置为国调直调，投退由国调许可操作；对侧张家坝站张州断面失电判别装置委托西南分中心调度管辖，为国调许可设备；对侧恩施站施恩断面失电判别装置委托华中分中心调度管辖，为国调许可设备。

36.4　宜昌站盘宜断面失电判别装置为国调直调，投退由国调许可操作；对侧九盘站盘宜断面失电判别装置委托西南分中心调度管辖，为国调许可设备。

36.5　两侧断面失电判别装置一一对应，应同时投退。投入时，应先投入分中心调度管辖的断面失电判别装置，后投入国调直调断面失电判别装置；退出时，应先退出国调直调断面失电判别装置，后退出分中心调度管辖的断面失电判别装置。

36.6　两侧断面失电判别装置组成断面失电监测装置。正常情况下，双套断面失电监测装置均应投入，可短时退出一套装置进行异常或缺陷处理。双套断面失电监测装置均退出时，应根据系统运行控制要求控制直流功率。

37　直流功率回降

37.1　运行要求。

37.1.1　跨区直流送受端安控装置一般配置有直流功率回降功能，当直流极停运、换流器停运或者单元停运时，国调应通知相关分中心。

37.1.2　当直流系统由于检修、调试、设备故障或者送受两端站间通信中断等原因造成直流不具备功率回降能力，或者直流功率回降能力受限时，相关换流站值班员应向国调汇报，国调通知相关分中心。当该直流系统恢复直流功率回降能力后，相关换流站值班员应向国调中心汇报，国调通知相关分中心。

37.1.3　各分中心应掌握本电网安控装置最大可导致的直流回降量。如安控装置导致的直流回降量超过本电网最大承受能力，相关分中心应及时向国调汇报并给出运行建议，国调协调相关分中心统筹调整直流运行方式。当本电网直流回降最大承受能力恢复时，相关分中心应及时向国调汇报并给出运行建议。

37.1.4　若直流近区主网发生故障，出现稳定规定中未涉及的方式且对直流功率回降能力产生影响时，根据故障设备的调度管辖关系，国调及相关分中心应及时相互通报情况并明确对直流功率回降能力的影响。

37.2 直流回降期间处置要求。

37.2.1 安控装置回降直流后，根据安控装置的调度管辖关系，国调及相关分中心应及时相互通报情况。

37.2.2 直流回降后，因直流调制造成交流断面、电压超稳定限额时，相关调控机构应立即采取措施消除断面功率、电压越限。国调在与相关分中心核实具备条件后，恢复被调制直流至计划功率，核实并通知相关分中心直流系统本体是否具备再次回降能力。

37.2.3 直流回降后，未造成送受端交流断面、母线电压超稳定限额时，国调在与相关分中心核实具备条件后，恢复被调制直流至计划功率，核实并通知相关分中心直流系统本体是否具备再次回降能力。

37.2.4 直流回降后，若电网发生故障，相关调控机构应立即按照相应运行规定控制潮流和电压，同时确保设备电流不超过允许载流量。

37.2.5 直流回降后，若直流系统发生故障异常，相关换流站值班员应及时汇报国调并提出处置建议。

38 共用接地极相关操作说明

38.1 林枫、葛南、龙政直流共用接地极相关操作说明。

38.1.1 林枫、葛南、龙政直流共用接地极相关定义。

38.1.1.1 林枫直流与龙政直流在华中侧共用接地极调度命名为青台接地极，林枫直流与葛南直流在华东侧共用接地极调度命名为燎原接地极。

38.1.1.2 林枫直流华中侧（华东侧）接地极系统由共用接地极、接地极线路、接地极系统站内部分组成，调度命名为团林站（枫泾站）林枫直流接地极系统；龙政直流华中侧接地极系统由共用接地极、接地极线路、接地极系统站内部分组成，调度命名为龙泉站龙政直流接地极系统；葛南直流华东侧接地极系统由共用接地极、接地极线路、接地极系统站内部分组成，调度命名为南桥站葛南直流接地极系统。

38.1.1.3　林枫直流华中侧（华东侧）接地极线路调度命名为团林侧（枫泾侧）接地极线路，接地极线路在团林站（枫泾站）侧装有接地极线路刀闸（00701、00702 刀闸）和接地极线路接地刀闸（007017、007027 刀闸），在青台（燎原）接地极侧装有接地极线路刀闸（00801 刀闸）。团林站接地极站内部分为 MRTB 开关及刀闸（0030 开关及刀闸）、00500 刀闸至接地极线路刀闸（00701、00702 刀闸）之间的部分，枫泾站接地极站内部分为 00500 刀闸至接地极线路刀闸（00701、00702 刀闸）之间的部分，调度命名为团林站（枫泾站）接地极站内部分。

38.1.1.4　龙政直流华中侧接地极线路调度命名为龙泉侧接地极线路，接地极线路在龙泉站侧装有接地极线路刀闸（00701、00702 刀闸）和接地极线路接地刀闸（007017、007027 刀闸），在青台接地极侧装有接地极线路刀闸（00802 刀闸）。接地极系统站内部分，调度命名为龙泉站接地极站内部分，为 MRTB 开关及刀闸（0030 开关及刀闸）、00500 刀闸至接地极线路刀闸（00701、00702 刀闸）之间的部分。

38.1.1.5　葛南直流华东侧接地极线路调度命名为南桥侧接地极线路，接地极线路在南桥站侧装有接地极线路刀闸（00701、00702 刀闸）和接地极线路接地刀闸（007017、007027 刀闸），在燎原接地极侧装有接地极线路刀闸（00802 刀闸）。接地极系统站内部分，调度命名为南桥站接地极站内部分，为 00400 刀闸至接地极线路刀闸（00701、00702 刀闸）之间的部分。

38.1.2　共用接地极电流控制总功能和策略。

38.1.2.1　团林站、枫泾站的站控系统均增加了共用接地极电流控制总功能，可通过软压板实现投退操作，其投退不影响直流系统正常运行，在正常运行中应处于常投状态。

38.1.2.2 共用接地极电流控制总功能包括金属回线自动转换功能和接地极电流自动回降功能，其中：金属回线自动转换功能单独设有软压板，可实现该功能的投退操作；接地极电流自动回降功能未设软压板，不能单独投退，但可实现手动暂停该功能的操作。

38.1.2.3 共用接地极电流相关控制策略仅由林枫直流执行。

38.1.2.4 团林站站控系统接收龙泉站极控系统的接地极电流等运行相关信号，枫泾站站控系统接收南桥站极控系统的接地极电流等运行相关信号，结合林枫直流运行状态确定执行相应控制策略。

38.1.2.5 正常通信方式时（团林站与枫泾站之间、团林站与龙泉站之间、枫泾站与南桥站之间均通信正常），若共用接地极电流小于或等于6000A且大于3000A，首先延时执行金属回线转换功能；如转换不成功，则立即执行接地极电流自动回降功能。若共用接地极电流大于 6000A，则延时执行接地极电流自动回降功能。延时执行时间详见下表。

电流	$I>6000A$	$6000A \geqslant I>3480A$	$3480A \geqslant I>3000A$
延时	3s	5min	120min
动作	接地极电流回降	金属回线转换、接地极电流回降	

注 1. 若青台接地极、燎原接地极均发生接地极电流越限，接地极电流自动回降功能起作用时，按越限较为严重的一方执行延时策略。

　　2. 青台接地极、燎原接地极使用相同的越限延时。

38.1.2.6 接地极电流自动回降功能调制电流的速率为100A/min，接地极电流调制目标值为 3000A。接地极电流自动回降功能在调制电流时，若林枫直流功率降至最小功率后，共用接地极电流仍越限，则该功能停止调制电流，只发告警信号，林枫直流则保持最小功率运行。

38.1.2.7　金属回线自动转换功能仅在正常通信方式时且两站金属回线自动转换功能均投入时有效。团林站、枫泾站任一站的金属回线自动转换功能退出后，发生共用接地极电流越限时，经延时后直接执行接地极电流自动回降功能。

38.1.2.8　团林站、枫泾站之间通信异常时，金属回线自动转换功能失效，仅整流站的接地极电流自动回降功能有效；若逆变侧共用接地极电流越限，国调应对相应直流系统进行方式调整。

38.1.2.9　龙泉站、团林站之间通信异常时，团林站共用接地极电流控制总功能无法判断青台接地极电流越限情况，相应控制措施失效；南桥站、枫泾站之间通信异常时，枫泾站共用接地极电流控制总功能无法判断燎原接地极电流越限情况，相应控制措施失效。

38.1.2.10　一侧共用接地极发生电流越限后，若再次发生故障，导致本侧或对侧共用接地极发生更严重的电流越限时，则按越限较为严重的情况执行延时策略。

38.1.3　接地极运行操作及异常处理。

38.1.3.1　对于共用接地极的直流系统，任一直流接地极线路检修时，共用接地极的另外一个直流应为单极金属回线方式运行或者双极停运状态。

38.1.3.2　各站现场值班员应密切监视本站接地极及共用接地极的电流，如发现接地极电流超过安全限值，应立即汇报国调。

38.1.3.3　各站现场值班员应密切监视共用接地极电流控制总功能的运行状况，发生功能暂停、失效等异常情况时应立即汇报国调。

38.1.3.4　林枫、葛南、龙政直流共用接地极电流控制总功能在延时执行期间可手动退出，由国调视实际情况对龙政直流、葛南直流、林枫直流进行方式调整。

38.1.3.5　在林枫、葛南、龙政直流共用接地极电流控制总功能延时执行期间，可手动退出金属回线自动转换功能，延时结束后将立即执行接地极电流自动回降功能。

38.1.3.6 在林枫、葛南、龙政直流接地极电流自动回降功能调制电流期间，可以手动暂停接地极电流自动回降功能，由国调视实际情况对龙政直流、葛南直流、林枫直流进行方式调整。

38.1.3.7 林枫、葛南、龙政直流共用接地极电流控制总功能失效或退出后，若共用接地极电流越限，国调应在规定时限内下达调度指令，对龙政直流、葛南直流、林枫直流进行方式调整，将共用接地极电流降至额定电流及以下；现场接到国调调度指令后应立即执行。

越限电流 I	下达调度指令的时限
6000A$\geq I>$3480A	15min
3480A$\geq I>$3000A	60min

38.1.3.8 林枫、葛南、龙政直流共用接地极相关操作涉及国网上海市电力公司检修公司和国网湖北省电力有限公司检修公司，具体操作流程见附录E。

38.2 宾金、复奉特高压直流共用接地极相关操作说明。

38.2.1 宾金、复奉直流共用接地极相关定义。

38.2.1.1 宾金直流与复奉直流在西南侧共用接地极调度命名为共乐接地极。

38.2.1.2 宾金直流西南侧接地极系统由共用接地极、接地极线路、接地极系统站内部分组成，调度命名为宜宾侧宾金直流接地极系统；复奉直流西南侧接地极系统由共用接地极、接地极线路、接地极系统站内部分组成，调度命名为复龙侧复奉直流接地极系统。

38.2.1.3 宾金直流西南侧接地极线路调度命名为宜宾侧接地极线路，接地极线路在宜宾站侧装有接地极线路刀闸（07001、

07002 刀闸）和接地极线路接地刀闸（070017、070027 刀闸）。宜宾站接地极站内部分调度命名为宜宾站接地极站内部分，为 MRTB 开关及刀闸（0300 开关及刀闸）、05000 刀闸至接地极线路刀闸（07001、07002 刀闸）之间的部分。

38.2.1.4　复奉直流西南侧接地极线路调度命名为复龙侧接地极线路，接地极线路在复龙站侧装有接地极线路刀闸（07001、07002 刀闸）。接地极系统站内部分，调度命名为复龙站接地极站内部分，为 MRTB 开关及刀闸（0300 开关及刀闸）、05000 刀闸至接地极线路刀闸（07001、07002 刀闸）之间的部分。

38.2.2　运行操作要求。

38.2.2.1　共乐接地极需转为检修时，应在两侧直流接地极线路冷备用及以下状态下操作。

38.2.2.2　接地极系统站内部分需转为检修时，原则上相应接地极线路隔离引线应断引。

38.2.2.3　宜宾侧直流接地极线路隔离引线未断引情况下，直流接地极线路地刀应保持拉开状态。

38.2.2.4　对于共用接地极的直流系统，任一直流接地极线路检修时，共用接地极的另外一个直流应为单极金属回线方式运行或者双极停运状态。

38.2.2.5　复奉、宾金直流共用接地极相关操作涉及国网四川省电力公司检修公司，具体操作流程见附录 E。

38.2.3　共用接地极电流控制总功能和策略。

38.2.3.1　宜宾站直流站控系统增加了共用接地极电流控制总功能，可通过软压板实现投退操作，其投退不影响直流系统正常运行，在正常运行中应处于常投状态。该功能仅在宾金直流处于单极大地回线运行方式下开放。

38.2.3.2　共用接地极电流相关控制策略仅由宾金直流执行，宜宾站站控系统接收复龙站极控系统的接地极电流等运行相关信号，通过自动回降宾金直流功率实现降低共用接地极入地电流。

38.2.3.3 正常通信方式时（宜宾站与复龙站之间通信正常），若共用接地极电流大于 5340A 时，延时 5s 执行接地极电流自动回降功能。宾金直流功率回降分轮次执行，每轮功率回降的设定值为 1200MW（最后一轮除外），回降速率为 1200MW/s，每轮之间暂停保持 60s，接地极电流调制目标值为 5340A。每轮功率回降执行完成后，宜宾站站控系统向安稳系统发送实际功率回降值作为切机依据，具体切机台数由安稳系统决定。如最后一轮功率回降值小于 800MW，宜宾站站控系统不再向安稳系统发送实际功率回降值，安稳系统不采取切机措施。

38.2.3.4 接地极电流自动回降功能在调制直流时，若宾金直流运行的单极直流电流达到 1340A 或以下时，共用接地极电流仍越限，则该功能停止调制电流，仅发告警信号，宾金直流则保持当前功率运行。

38.2.3.5 当接地极电流介于 3000A 和 5340A 时，运行人员应手动调节复奉、宾金直流功率，尽快将直流电流降至安全限值以下，全程时间应不超过 3h。

38.2.4 接地极运行异常处置。

38.2.4.1 各站现场值班员应密切监视本站接地极及共用接地极的电流，如发现接地极电流超过安全限值，应立即汇报国调。

38.2.4.2 各站现场值班员应密切监视共用接地极电流控制总功能的运行状况，发生功能暂停、失效等异常情况时应立即汇报国调。

39 特高压直流动态电压控制策略

39.1 为减少换流变分接开关动作次数，部分特高压直流配置了动态电压控制策略。

39.2 动态电压控制策略投入时，直流最大可输送功率低于其额定功率。

39.3 动态电压控制策略投入时，当直流任一极进入降压运行方式时，两极自动退出动态电压控制策略；当直流两极均退出降压运行方式时，两极自动投入该策略。

39.4 动态电压控制策略的投退由现场负责，须经国调许可。其状态发生变化或出现异常时，现场应及时汇报国调，并给出直流系统后续运行建议。

40　直流频率控制器

40.1 复龙、宜宾、锦屏、天山、祁连站直流频率控制器的投退，由本站经国调许可后操作。

40.2 德阳站直流频率控制器与宝鸡站直流频率控制器同投同退，直流频率控制器的投退由主控站经国调许可后操作。

40.3 宜昌站西南侧、华中侧直流频率控制器可独立投退，其投退由本站经国调许可后操作。施州站西南侧、华中侧直流频率控制器可独立投退，其投退由本站经国调许可后操作。

40.4 德阳、宝鸡、复龙、宜宾、锦屏、天山、祁连站直流频率控制器仅在作为整流站直流频率控制器时参与直流功率调节。

40.5 换流站运行人员应监视直流频率控制器运行情况，如发现直流频率控制器运行异常，运行人员应及时汇报国调，经国调许可后退出直流频率控制器。

40.6 如因直流频率控制器异常造成直流功率发生大幅异常波动时，运行人员可不待国调许可，采用退出直流频率控制器等措施维持直流功率稳定，同时汇报国调。

40.7 操作术语。

40.7.1 许可：［投入|退出］××站直流频率控制器。

40.7.2 许可：［投入|退出］××站［华中|西南］侧直流频率控制器。

41　柔性直流系统调度运行规定

41.1 直流系统额定运行参数。

系统名称	额定电压（kV）	降压方式	单单元（MW）	双单元（MW）	直流系统额定容量（MW）
施州直流	±420	无	0～1250	0～2500	2500
宜昌直流	±420	无	0～1250	0～2500	2500

注 1. 表中输送功率均为双向功率。

2. 单元Ⅰ、Ⅱ均无过负荷能力。

41.2 直流系统术语。

41.2.1 阀组：由 IGBT 以子模块形式串联，并与阻尼回路、分压及 IGBT 电子设备回路、IGBT 控制单元等组成，将直流转换成交流或将交流转换成直流的设备组。

41.2.2 桥臂电抗器：串联在换流器桥臂中的电抗器，作用为抑制因各相桥臂直流电压瞬时值不完全相等而造成的相间环流，同时还可有效地抑制直流母线发生故障时的冲击电流。

41.2.3 启动回路：由启动电阻、启动电阻刀闸和启动电阻旁路刀闸及相应地刀等组成，其中启动电阻是串联在回路中的限流电阻，作用为限制阀组子模块电容器在直流启动过程中的充电电流。

41.2.4 换流变：在交流母线和阀组间传能量的变压器。

41.3 设备状态定义。

41.3.1 换流变。

41.3.1.1 检修：换流变与交流系统隔离（有换流变网侧进线刀闸的，要求刀闸在拉开位置；无换流变网侧进线刀闸的，要求换流变网侧开关在冷备用及以下状态，无特殊说明网侧开关在冷备用状态。下同），换流变阀侧开关拉开，启动电阻刀闸和启动电阻旁路刀闸拉开，换流变站用变侧刀闸拉开，换流变各侧接地刀闸在合上位置。

41.3.1.2 冷备用：安全措施拆除，换流变与交流系统隔离，换流变阀侧开关拉开，启动电阻刀闸和启动电阻旁路刀闸拉开，换流变站用变侧刀闸拉开，换流变各侧接地刀闸拉开。

41.3.1.3　热备用：安全措施拆除，相关保护投入，换流变各侧接地刀闸拉开，换流变阀侧中性点接地开关拉开，换流变网侧开关在热备用状态（有换流变网侧进线刀闸的，要求刀闸在合上位置）。

41.3.1.4　运行：安全措施拆除，相关保护投入，换流变各侧接地刀闸拉开，换流变阀侧中性点接地开关拉开，换流变网侧开关在运行状态（有换流变网侧进线刀闸的，要求刀闸在合上位置）。

41.3.2　阀组。

41.3.2.1　检修：双侧换流变阀侧开关拉开，启动电阻刀闸和启动电阻旁路刀闸拉开，阀组相关接地刀闸合上。

41.3.2.2　冷备用：安全措施拆除，双侧换流变阀侧开关拉开，启动电阻刀闸和启动电阻旁路刀闸拉开，阀组相关接地刀闸拉开。

41.3.3　直流单元。

41.3.3.1　检修：双侧换流变、阀组在检修状态。

41.3.3.2　冷备用：安全措施拆除，双侧换流变、阀组在冷备用状态。

41.3.3.3　热备用：安全措施拆除，相关保护投入，双侧阀组相关接地刀闸拉开，双侧换流变运行，双侧换流变阀侧开关合上，双侧启动电阻旁路刀闸合上、启动电阻刀闸拉开，阀闭锁（阀组子模块电容器已充电）。

41.3.3.4　运行：安全措施拆除，相关保护投入，双侧阀组相关接地刀闸拉开，双侧换流变运行，双侧换流变阀侧开关合上，双侧启动电阻旁路刀闸合上、启动电阻刀闸拉开，阀解锁。

41.3.3.5　极开路试验（OLT 试验）状态：安全措施拆除，相关保护投入，双侧阀组相关接地刀闸拉开，待试验侧换流变运行、换流变阀侧开关合上，启动电阻旁路刀闸合上、启动电阻刀闸拉开；另一侧换流变阀侧开关拉开，启动电阻刀闸和启动电阻旁路刀闸拉开。

41.4 子模块故障。

41.4.1 当直流阀组出现子模块故障时，宜昌、施州站应加强设备监视，并及时向国调汇报

41.4.2 当宜昌直流单元 I 一个桥臂中出现 29 个子模块故障时，或宜昌直流单元 II 及施州直流单元 I、II 一个桥臂中出现 39 个子模块故障时，宜昌、施州站应根据现场站内规程向国调申请紧急停运该单元。

41.5 直流运行方式。

41.5.1 单元运行方式：单单元运行、双单元运行。

41.5.2 潮流方向：华中送西南、西南送华中。

41.5.3 有功控制方式：功率协调控制、功率独立控制。

41.5.4 无功控制方式：定无功控制、定电压控制。

41.5.5 典型运行方式。

系统名称	有功控制方式	无功控制方式
宜昌直流	功率协调控制	定无功|定电压
施州直流	功率协调控制	定无功|定电压

41.6 直流操作。

41.6.1 直流单元的启动、停运操作，由国调向换流站下令执行。特殊情况下的现场手动紧急停运由换流站依据有关规程执行。

41.6.2 直流单元的启动操作应在直流单元处于热备用状态下执行。启动前国调应与换流站确认相关设备具备运行条件。

41.6.3 直流单元正常停运操作前，现场应将该单元有功功率指令值调整为零。

41.6.4 直流单元启动、停运操作前后，国调应通知相关分中心。

41.6.5 宜昌直流单元 I、II 可以同时进行启动和停运操作。

41.6.6 施州直流单元Ⅰ、Ⅱ可以同时进行启动和停运操作。

41.6.7 宜昌直流操作特殊要求

41.6.7.1 宜昌直流单元Ⅰ、Ⅱ不得跨状态操作。

41.6.7.2 宜昌直流单元Ⅰ、Ⅱ［西南侧|华中侧］OLT 试验状态仅可与冷备用状态相互转换。

41.6.7.3 宜昌直流单元Ⅰ、Ⅱ由冷备用转热备用、热备用转冷备用、冷备用转华中侧 OLT 试验状态、华中侧 OLT 试验状态转冷备用操作前，国调应与宜昌站、龙泉站核实具备操作条件后下令。宜昌站、龙泉站相应操作顺序参见附录 F。期间如某站发生影响操作的异常，该站应及时通知国调及另一站相应情况；异常处理完成后，该站应及时汇报国调并通知另一站。国调与两站核实具备继续操作条件后，通知两站继续完成操作。

41.6.7.4 宜昌站 51111（52111）刀闸拉开，龙泉站 5022、5023（5031、5032）任一开关转运行前，应退出宜昌站 011B（021B）换流变保护；龙泉站 5022、5023（5031、5032）任一开关转运行前，应与国调核实宜昌站 011B（021B）换流变保护及 51111（52111）刀闸状态，按站内规程自行操作短引线保护。

41.6.7.5 宜昌站宜昌直流单元Ⅰ、Ⅱ状态发生变化，应告知龙泉站；龙泉站 5022、5023、5031、5032 开关状态发生变化，应告知宜昌站。

41.6.8 施州直流操作特殊要求。

41.6.8.1 施州直流单元Ⅰ、Ⅱ阀组检修、冷备用，要求两侧换流变网侧开关在冷备用及以下状态（无特殊说明网侧开关在冷备用状态）。

41.6.8.2 施州直流西南侧（华中侧）OLT 试验状态下，要求华中侧（西南侧）换流变网侧开关在冷备用及以下状态（无特殊说明网侧开关在冷备用状态）。

41.6.9 典型操作令。

41.6.9.1 ××直流单元×启动（另一单元停运）。

序号	调度操作指令内容
1	××直流单元×潮流方向为××送××
2	××直流单元×有功控制方式为［功率协调|功率独立］控制
3	××直流无功控制方式××侧为［定无功|定电压］控制，××侧（对侧）为［定无功|定电压］控制
4	××直流单元×功率变化率为××MW/min，输送功率为×××MW，单元×转运行

41.6.9.2　××直流单元×启动（另一单元运行）。

序号	调度操作指令内容
1	××直流单元×潮流方向为××送××（同运行单元方向）
2	××直流单元×有功控制方式为［功率协调|功率独立］控制
3	××直流单元×功率变化率为××MW/min，输送功率为×××MW，单元×转运行

41.6.9.3　××直流典型方式启动。

序号	调度操作指令内容
1	××直流［双单元|单元×］以典型方式启动

注　换流站按照典型运行方式定义，设定控制方式，以零有功输送功率（指令值）启动直流单元。启动成功后，有功控制方式和输送功率调整由换流站按照国调的调度计划或调度指令进行。

41.6.9.4　××直流单元×停运（另一单元停运）。

序号	调度操作指令内容
1	××直流单元×功率变化率为××MW/min，单元×停运

41.6.9.5　××直流单元×停运（另一单元运行）。

序号	调度操作指令内容
1	××直流单元×（保持运行的单元）有功控制方式为功率协调控制
2	××直流单元×（停运单元）有功控制方式为功率独立控制
3	××直流单元×功率变化率为×× MW/min，单元×停运

41.6.9.6　直流单元状态转换。

宜昌站宜昌直流单元×转为××，<××××开关××>。

施州直流单元×转为［检修|冷备用|热备用|××侧 OLT 试验状态］，<××××开关××>。

注：换流变相连交流开关状态有特殊要求的，须在术语中明确。

41.6.9.7　其他直流设备状态转换。

××站<单元×>××（设备）由××转××。

41.6.10　国调进行宜昌站 020B 换流变、施州站 010B 换流变相关操作前，应与厂站确认站用电系统已具备操作条件。

41.7　极开路试验（OLT）。

41.7.1　直流系统阀厅内设备、桥臂电抗器、启动电阻等设备检修或故障后，相应单元应进行检修或故障侧极开路试验，试验成功方具备正式送电条件。

41.7.1.1　极开路试验结果及结论：采用自动模式进行极开路试验时，试验电压达到额定电压，则试验侧具备运行条件；试验电压未达到额定电压，经国调许可后转手动模式重新试验，手动模式下，试验电压达到额定电压，则试验侧具备运行条件。

41.7.2　极开路试验操作流程。

41.7.2.1　直流设备检修工作结束且相关安措拆除后，或直流系统故障后，经检查已具备恢复条件。换流站向国调申请进行［单

元Ⅰ|单元Ⅱ］［西南侧|华中侧］极开路试验。

41.7.2.2　国调下令调整至相应极开路试验（OLT 试验）状态后，许可进行极开路试验。

41.7.2.3　试验成功后，换流站退出极开路试验模式，并向国调汇报。

附录A 国调直调设备

A.1 机组

序号	机组名称	容量（MW）	类型
1	三峡电厂#1－32机	32×700	水电
2	官地电厂#1－4机	4×600	水电
3	锦西电厂#1－6机	6×600	水电
4	锦东电厂#1－8机	8×600	水电
5	向家坝左岸电厂#1－4机	4×750	水电
6	向家坝右岸电厂#5－8机	4×750	水电
7	溪洛渡左岸电厂#1－9机	9×700	水电
8	南湖电厂#1－2机	2×660	火电
9	花园电厂#1－4机	4×660	火电
10	绿洲电厂#1－2机	2×660	火电
11	兵红电厂#1－2机	2×660	火电
12	银星电厂#1－2机	2×660	火电
13	宁东二期电厂#3－4机	2×660	火电
14	黎阳电厂#1－2机	2×660	火电
15	方家庄电厂#1－2机	2×1000	火电
16	鸳鸯湖二期电厂#3－4机	2×1000	火电

合计：共87台机组，总装机容量60 060MW。
其中：水电67台，容量45 500MW；火电20台，容量14 560MW

A.2 变压器

序号	变压器名称	容量（MVA）
1000kV 变压器：		
1	长治 1000kV #1、#2 主变	2×3000
2	南阳 1000kV #1、#2 主变	2×3000
3	荆门 1000kV #1、#2 主变	2×3000
500kV 变压器：		
1	龙泉 500kV #1、#2 主变	2×750
合计：8 台，总容量 19 500MVA		

A.3 交流线路

序号	线路名称	导线型号	长度（km）		线路运维单位及联系方式
1000kV 交流线路：					
1	长南Ⅰ线	LGJ-8×500	359	116.4	国网山西省电力公司检修分公司 92416-1000，0351-4261000
				241.8	河南送变电建设有限公司 93226-2260，0371-67530222
2	南荆Ⅰ线	LGJ-8×500/35	281	101	
				180.2	国网湖北省电力有限公司检修公司 93526-2351，027-84874475
750kV 交流线路：					
1	星州Ⅰ线	6×JL/G1A-400/50	27.8		国网宁夏电力有限公司检修公司 13995316568，98629-9098，0951-3939271
2	星州Ⅱ线	6×JL/G1A-400/50	27.8		
3	东州线	6×JL/G1A-400/50	34.6		
4	黎州线	6×JL/G1A-400/50	52.9		
5	方州线	6×JL/G1A-400/50	24.8		

续表

序号	线路名称	导线型号	长度（km）	线路运维单位及联系方式
6	方东线	6 × JL/G1A − 400/50	21.1	国网宁夏电力有限公司检修公司 13995316568，98629 − 9098， 0951 − 3939271
7	鸳州线	6 × JL/G1A − 400/50	52.2	
8	黎鸳线	6 × JL/G1A − 400/50	12.0	

500kV 交流线路：

序号	线路名称	导线型号	长度（km）	线路运维单位及联系方式
1	荆斗Ⅰ线	ACSR − 4 × 720/50	21	
2	荆斗Ⅱ线		21	
3	荆斗Ⅲ线		21	
4	荆林Ⅰ线	LGJ − 4 × 500/45	28	
5	荆林Ⅱ线		28	
6	荆林Ⅲ线		28	
7	三龙Ⅰ线	LGJ − 4 × 630/55	55	
8	三龙Ⅱ线		55	
9	三龙Ⅲ线		55	
10	三江Ⅰ线	LGJ − 4 × 500/45	135	国网湖北省电力有限公司检修公司 93526 − 2351，027 − 84874475
11	三江Ⅱ线		130	
12	三江Ⅲ线		130	
13	峡林Ⅰ线	LGJ − 4 × 500/45	161	
14	峡林Ⅱ线		160	
15	峡林Ⅲ线		159	
16	龙斗Ⅰ线	LGJ − 4 × 500/45	77.7	
17	龙斗Ⅱ线		78.4	
18	龙斗Ⅲ线		82.6	
19	林江Ⅰ线	LGJ − 4 × 400/35	55.3	
20	林江Ⅱ线		54.7	

续表

序号	线路名称	导线型号	长度（km）	线路运维单位及联系方式
21	安江Ⅰ线	LGJ－4×500/35	61.4	
22	安江Ⅱ线		58.9	
23	葛安Ⅰ线	LGJ－4×500/35	67.7	
24	葛安Ⅱ线		69.5	
25	峡葛Ⅰ线	LGJ－4×400/50	26	国网湖北省电力有限公司检修公司 93526－2351，027－84874475
26	峡葛Ⅱ线		26	
27	峡葛Ⅲ线	LGJ－4×500/35	30	
28	峡葛Ⅳ线		35	
29	峡都Ⅰ线	LGJ－4×500/45	55	
30	峡都Ⅱ线		55	
31	峡都Ⅲ线		55	
32	官洹线	LGJ－6×240/30	53.6	33　国网河北省电力有限公司检修分公司92818－2726，0311－87751461 20.6　河南送变电建设有限公司93226－2260，0371－67530222
33	官月Ⅰ线	LGJ－4×500/45	36	
34	官月Ⅱ线		36	
35	月锦Ⅰ线	LGJ－4×500/45	12	
36	月锦Ⅱ线		12	国网四川省电力公司检修公司96813－784396813－7938028－85147377
37	东锦Ⅰ线	4×LGJ－500/45、4×A3/S1A－523/68	57	
38	东锦Ⅱ线		57	
39	西锦Ⅰ线	LGJ－500/45、JLHA1/G1A－523/6	85	
40	西锦Ⅱ线		85	
41	西锦Ⅲ线		85	

序号	线路名称	导线型号	长度（km）	线路运维单位及联系方式
42	向复Ⅲ线	4×JL/G2A－720/50	11.2	国网四川省电力公司检修公司 96813－7843 96813－7938 028－85147377
43	向复Ⅳ线		11.2	
44	向复Ⅰ线	4×JL/G2A－720/50、 4×JL/LB14－720/50	12.6	
45	向复Ⅱ线		12.6	
46	溪宾Ⅰ线	4×JL/G2A－720/ 50、4×JLHA2/ G1A－820/35	88	
47	溪宾Ⅱ线		88	
48	溪宾Ⅲ线		88	
49	宾复Ⅰ线	4×JL/G1A－630/45	13.4	
50	宾复Ⅱ线		13.5	
51	园天Ⅰ线	4×JL3/G1A－630/ 45	44.9	新疆送变电工程公司 0991－3688195，3697035 18699145533
52	园天Ⅱ线		44.8	
53	南山Ⅰ线	4×JL3/G1A－630/ 45	36.1	
54	南洲Ⅰ线	4×LGJ（GD）－630/ 45	18.9	
55	洲山Ⅰ线	4×LGJ（GD）－630/ 45	40.7	
56	红山Ⅰ线	4×JL3/G1A－630/ 45	43.1	
57	红山Ⅱ线	4×JL3/G1A－630/ 45	42.9	

330kV 交流线路：

1	灵灵线	LGJQ－2×300/40	0.1	灵宝站 83286－6510，0398－2768609

合计：68 条，总长 4097km。

其中：全程同杆线路包括荆斗Ⅰ、Ⅱ线，荆林Ⅱ、Ⅲ线，峡林Ⅱ、Ⅲ线，向复Ⅲ、Ⅳ线，向复Ⅰ、Ⅱ线，官月Ⅰ、Ⅱ线；部分同杆线路包括峡葛Ⅲ、Ⅳ线，葛安Ⅰ、Ⅱ线，安江Ⅰ、Ⅱ线，月锦Ⅰ、Ⅱ线，东锦Ⅰ、Ⅱ线，西锦Ⅰ、Ⅱ线，溪宾Ⅱ、Ⅲ线、星州Ⅰ、Ⅱ线

A.4 直流系统

序号	直流名称	换流站	换流变容量（MVA）	线路长度（km）		线路运维单位及联系方式

特高压直流系统：

序号	直流名称	换流站	换流变容量（MVA）	线路长度（km）		线路运维单位及联系方式
1	±800kV 复奉直流	复龙站	7706.4	321.1×24	1906.7×2	187.3	国网四川省电力公司检修公司 96813-7843 96813-7938 028-85147377
						286.9	国网重庆市电力公司检修分公司 023-68460830 96215-5004 13637792573
						51.6	湖北省送变电工程公司 93513-6544, 027-86826806
						255.1	湖南送变电工程公司 93333-2206 0731-28205561
						100.5	国网湖北省电力有限公司检修公司 93526-2351, 027-84874475
		奉贤站	7130.4	297.1×24		339.1	湖北省送变电工程公司 93513-6544, 027-86826806
						385.4	安徽送变电工程公司应急抢修中心（运行检修分公司） 0551-63617686 95612-3579, 13966761973
						113.6	国网浙江省电力公司湖州供电公司 0572-2428950, 95582-0166

续表

序号	直流名称	换流站	换流变容量（MVA）		线路长度（km）	线路运维单位及联系方式
1	±800kV复奉直流	奉贤站	7130.4	297.1×24	1906.7×2	
					22.1	国网江苏省电力有限公司检修分公司输电检修中心 95413-6566，025-52086555
					42.8	国网浙江省电力有限公司嘉兴供电公司 0573-82421354，95532-1816
					106.1	国网上海市电力公司检修公司 95392-2112 021-62056277
2	±800kV锦苏直流	锦屏站	8721.6	363.4×24	2058.6×2	
					484.0	国网四川省电力公司检修公司 96813-7843 96813-7938 028-85147377
					288.1	国网重庆市电力公司检修分公司 023-68460830 96215-5004 13637792573
					51.1	国网湖北送变电工程有限公司 93513-6544，027-86826806
					254.3	湖南送变电工程公司 93333-2206 0731-28205561
		苏州站	8179.2	340.8×24	100.3	国网湖北省电力有限公司检修公司 93526-2351，027-84874475
					338.9	国网湖北送变电工程有限公司 93513-6544，02786826806

续表

序号	直流名称	换流站	换流变容量（MVA）	线路长度（km）	线路运维单位及联系方式	
2	±800kV锦苏直流	苏州站	8179.2	340.8×24	2058.6×2	385.6	安徽送变电工程有限公司运行检修分公司0551-63617686 95612-3579，13966761973
						112.9	国网浙江省电力公司湖州供电公司0572-2428950，95582-0166
						43.4	国网江苏省电力有限公司检修分公司95413-6566，025-52086555
3	±800kV天中直流	天山站	9724.8	405.2×24	2192×2	165.6	新疆送变电工程公司0991-3688195，18099221832
						617.4	国网甘肃省电力公司检修公司0931-7976200，7976300，98567-6200，98567-6300
						733.0	甘肃送变电公司0931-2961420 98582-4000
						111.8	国网宁夏电力有限公司检修公司13995316568，98629-9098 0951-3939271
		中州站	9038.4	376.6×24		167.5	国网陕西省电力公司检修公司98416-5555/5678 029-83685555 18092106096
						248.8	国网山西省电力公司检修分公司92416-1000，0351-4261000

序号	直流名称	换流站	换流变容量（MVA）		线路长度（km）		线路运维单位及联系方式
3	±800kV 天中直流	中州站	9038.4	376.6×24	2192×2	147.5	河南送变电建设有限公司 93226－2260， 0371－67530222
4	±800kV 宾金直流	宜宾站	9744	406×24	1652.2×2	183.0	国网四川省电力公司检修公司 96813－7843 96813－7938 028－85147377
						577.2	湖南省电网工程有限公司 93373－7278 0734－8601585
						299.8	湖南送变电工程公司 93333－2206 0731－28205561
						449.7	江西省送变电工程有限公司特高压输电运检分公司 15870018287， 0791－85768067 93435－8069
		金华站	9168	382×24		102.7	国网浙江省电力有限公司衢州供电公司 0570－3842158， 13957027244 95556－2296
						39.8	国网浙江省电力公司金华供电公司 0579－81234241， 18858915432
5	±800kV 灵绍直流	灵州站	9895.2	412.3×24	1714.8×2	82.7	国网宁夏电力有限公司检修公司 13995316568， 98629－9098 0951－3939271

续表

序号	直流名称	换流站	换流变容量（MVA）	线路长度（km）	线路运维单位及联系方式	
5	±800kV 灵绍直流	灵州站	9895.2	412.3× 24	346.6	国网陕西省电力公司检修公司 98416－5555/5678 029－83685555 18092106096
					176.6	国网山西省电力公司检修分公司 92416－1000, 0351－4261000
				1714.8×2	562.0	河南送变电建设有限公司 93226－2260, 0371－67530222
		绍兴站	9220.8	384.2× 24	432.4	安徽送变电工程有限公司运行检修分公司 0551－63617686 95612－3579, 13966761973
					114.6	国网浙江省电力有限公司检修公司 0571－51222506 95518－2869
6	±800kV 祁韶直流	祁连站	9895.2	412.3× 24	675.3	甘肃送变电公司 0931－2961420 98582－4000
				2365.6×2	573.4	国网甘肃省电力公司检修公司 0931－7976200, 7976300, 98567－6200, 98567－6300
					459.0	国网陕西省电力公司检修公司 98416－5555/5678 029－83685555 18092106096

续表

序号	直流名称	换流站	换流变容量（MVA）		线路长度（km）	线路运维单位及联系方式
6	±800kV 祁韶直流	韶山站	9086.4	378.6×24	2365.6×2	
					101.0	国网重庆市电力公司检修分公司 023-68460830 96215-5004 13637792573
					203.0	国网湖北省电力有限公司检修公司 93526-2351， 027-84874475
					353.9	湖南送变电工程公司 93333-2206 0731-28205561
7	±800kV 雁淮直流	雁门关站	9720	405×24	1105.8×2	
					307.9	国网山西省电力公司检修分公司 92416-1000， 0351-4261000
					225.2	国网河北省电力有限公司检修分公司 18031168119 92818-2626 0311-89692626
					218.4	国网山东省电力公司检修公司 0531-85192213 95821-2620
					63.2	江苏送变电公司 95413-2926， 13813948390
		淮安站	9360	390×24	254.5	安徽送变电工程有限公司运行检修分公司 0551-63617686 95612-3579 13966761973
					36.5	江苏送变电公司 95413-2926， 13813948390

续表

序号	直流名称	换流站	换流变容量（MVA）	线路长度（km）	线路运维单位及联系方式	
8	±800kV 锡泰直流	锡林浩特换流站	12 223.2	509.3 × 24	279.0	国网内蒙古东部电力有限公司检修公司 15904798281 0475 – 8207202 92595 – 7208
					329.7	国网冀北电力有限公司检修分公司 010 – 58308649，18910163021
				1613.2 × 2	196.1	国网天津市电力公司检修公司 022 – 84302708 13043241185
		泰州站	11 728.8	488.7 × 24	118.2	国网河北省电力有限公司检修分公司 18031168119 92818 – 2626 0311 – 89692626
					437.2	国网山东省电力公司检修公司 0531 – 85192213 95821 – 2620
					253.0	江苏省送变电公司 95413 – 2926，13813948390
9	±800kV 鲁固直流	扎鲁特站	12 215.6	509.4 × 24	489.1	国网内蒙古东部电力有限公司检修公司 0475 – 8207202，13848466090 0475 – 8207208，18647599757 92595 – 7208
		广固站	11 832	493.0 × 24	1233.8 × 2 246.3	国网冀北电力有限公司检修分公司 010 – 58308838，15301062307

续表

序号	直流名称	换流站	换流变容量（MVA）	线路长度（km）		线路运维单位及联系方式
9	±800kV 鲁固直流	广固站	11 832	493.0×24	1233.8×2	196.0 国网天津市电力公司检修公司 022－84302708 13043241185
						118.6 国网河北省电力有限公司检修分公司 18031168119 92818－2626 0311－89692626
						180.3 国网山东省电力公司检修公司 0531－85192213 15953105953 95821－2620
10	±800kV 昭沂直流	伊克昭站	12 223.2	509.3×24	1216.6×2	213.1 国网内蒙古东部电力有限公司电力公司检修公司 0475－8207218
						180.8 国网陕西省电力公司检修公司 029－8368555
						331.7 国网山西省电力公司检修公司 0351－4261000
						131.7 国网河北省电力有限公司检修公司 0311－89692626
		沂南站	11 834.4	493.1×24		124.5 河南送变电建设公司 93226－2260, 0371－67530222
						234.8 国网山东省电力公司检修公司 0371－67530222

续表

序号	直流名称	换流站	换流变容量（MVA）		线路长度（km）		线路运维单位及联系方式
11	±1100kV吉泉直流	昌吉站	14 580	607.5×24	3292.9×2	598.7	国网新疆送变电有限公司 0991－2913160
						1264.0	国网甘肃省送变电公司 0931－2961666
						185.5	国网宁夏电力有限公司检修公司 0951－6991580
		古泉站	14 090.4	587.1×24		403.5	国网陕西省电力公司检修公司 029－83685555
						537.2	河南送变电建设公司 0371－67530222
						304.0	国网安徽送变电工程有限公司 0551－63703579
12	±800kV青豫直流	青南站	9960	415×24	1578.5×2	233.5	国网青海省电力公司检修公司 987282601
						452.5	国网甘肃省电力公司检修公司 0931－7976200，7976300，98567－6200，98567－6300
		豫南站	9960	415×24		518.0	国网陕西省电力公司检修公司 029－83685555
						374.5	河南送变电建设公司 0371－67530222

±660kV 直流系统：

序号	直流名称	换流站	换流变容量（MVA）		线路长度（km）		线路运维单位及联系方式
1	±660kV银东直流	银川东站	4836	403×12	1333.3×2	105.9	国网宁夏电力有限公司检修公司 13995316568，98629－9098 0951－3939271

续表

序号	直流名称	换流站	换流变容量（MVA）		线路长度（km）	线路运维单位及联系方式
1	±660kV 银东直流	银川东站	4836	403×12	307.6	国网陕西省电力公司 检修公司 98416-5555/5678 029-83685555 18092106096
		胶东站	4636.8	386.4×12	1333.3×2	
					304.8	国网山西省电力公司 检修分公司 92416-1000， 0351-4261000
					199.9	国网河北省电力有限 公司检修分公司 18031168119 92818-2626 0311-89692626
					415.1	国网山东省电力公司 检修公司 95821-2620

±500kV 直流系统：

序号	直流名称	换流站	换流变容量（MVA）		线路长度（km）	线路运维单位及联系方式
1	葛南直流	葛洲坝站	1464	244×6	1109.9×2	489.5	国网湖北省电力有限 公司检修公司 93526-2351， 027-84874475
						402.6	安徽送变电工程有限 公司运行检修分公司 0551-63617686 95612-3579， 13966761973
		南桥站	1344	224×6		177.8	国网浙江省电力有限 公司嘉兴供电公司 95532-1354， 0573-2221360
						40	国网上海市电力公司 检修公司 95392-2112 021-62056277

续表

序号	直流名称	换流站	换流变容量（MVA）	线路长度（km）		线路运维单位及联系方式
2	龙政直流	龙泉站	3570	297.5×12	860.4×2	399	国网湖北省电力有限公司检修公司 93526－2351，027－84874475
		政平站	3404.4	283.7×12		341	安徽送变电工程有限公司运行检修分公司 0551－63617686 95612－3579 13966761973
						119	国网江苏省电力有限公司检修分公司 95413－6566，025－52086555
3	江城直流	江陵站	3570	297.5×12	941×2	84	国网湖北省电力有限公司检修公司 93526－2351，027－84874475
		鹅城站	3404.4	283.7×12		312	湖南送变电工程公司 93333－2206 0731－28205561
						545	湖南省电网工程有限公司 93373－7278 0734－8601585
4	宜华直流	宜都站	3570	297.5×12	1060×2	428.2	国网湖北省电力有限公司检修公司 93526－2351，027－84874475
						434.2	安徽送变电工程有限公司运行检修分公司 0551－63617686 95612－3579，13966761973
						29.8	国网浙江省电力有限公司嘉兴供电公司 95532－1354，0573－2221360

续表

序号	直流名称	换流站	换流变容量（MVA）		线路长度（km）	线路运维单位及联系方式
4	宜华直流	华新站	3404.4	283.7 × 12	1060 × 2	国网江苏省电力有限公司检修分公司 95413 – 6566，025 – 52086555
						国网浙江省电力有限公司湖州电力公司 95582 – 8950，0572 – 24228950
						国网上海市电力公司检修公司 95392 – 2112 021 – 62056277
5	德宝直流	德阳站	3571.2	297.6 × 12	534.1 × 2	国网四川省电力公司检修公司 96813 – 7843 96813 – 7938 028 – 85147377
		宝鸡站	3571.2	297.6 × 12		国网陕西省电力公司检修公司 98416 – 5555/5678 029 – 83685555 18092106096
6	林枫直流	团林站	3571.2	297.6 × 12	978.4 × 2	国网湖北省电力有限公司检修公司 93526 – 2351，027 – 84874475
						安徽送变电工程有限公司运行检修分公司 0551 – 63617686 95612 – 3579，13966761973
						国网浙江省电力有限公司湖州电力公司 855028950
		枫泾站	3369.6	280.8 × 12		国网浙江省电力有限公司嘉兴电力公司 855036000
						国网上海市电力公司检修公司 95392 – 2112 021 – 62056277

与表头行对齐的数值列：30、84.5、41、240、294、397.8、402.6、116.6、61.13、0.12（线路长度列）

续表

序号	直流名称	换流站	换流变容量（MVA）		线路长度（km）	线路运维单位及联系方式
直流背靠背系统：						
1	灵宝背靠背直流	灵宝站	430.8	143.6×3		无
			430.8	143.6×3		
			902.6	300.9×3		
			898.5	299.5×3		
2	高岭背靠背直流	高岭站	1794.6	299.1×6		无
			1794.6	299.1×6		
			1794.6	299.1×6		
			1794.6	299.1×6		
柔性直流系统：						
1	施州直流	施州站	2760	460×6		无
			2760	460×6		
2	宜昌直流	宜昌站	2760	460×6		无
			2760	460×6		

合计：高压直流系统 22 个，总换流容量 295 496MVA，额定输送容量 124 870MW，线路总长度 27 104.5（×2）km

附录 B 直流系统状态定义

B.1 极、单元状态表

B.1.1 龙政、宜华、江城、林枫、德宝直流极状态系统表

序号	设备编号和名称（以极I为例）	检修		冷备用		极隔离		极连接		GR热备用（带线路OLT）		MR热备用		不带线路OLT		备注
		合上	拉开	合上	拉开	合上	拉开	合上	拉开	合上	拉开	合上	拉开	合上	拉开	
1	换流变交流开关（无换流变交流侧进线刀闸站）		□		□					□		□		□		如：宜都、华新、团林、枫泾、江陵、德阳、宝鸡
2	交流开关变两侧刀闸（无换流变交流侧进线刀闸站）		□		□					□		□		□		
3	换流变交流开关（有换流变交流侧进线刀闸站）	○			○					○		○		○		如：鹅城、龙泉、政平
4	换流变进线刀闸		○		○					○		○		○		

续表

序号	设备编号和名称（以极Ⅰ为例）	检修		冷备用		极隔离		极连接		GR 热备用（带线路OLT）		MR 热备用		不带线路OLT		备注
		合上	拉开	合上	拉开	合上	拉开	合上	拉开	合上	拉开	合上	拉开	合上	拉开	
5	换流变接地刀闸	*			*				*		*		*		*	
6	050117（阀厅接地刀闸）		*		*				*		*		*		*	
7	050127（阀厅接地刀闸）	*			*				*		*		*		*	
8	051107（阀厅接地刀闸）	*			*				*		*		*		*	
9	001207（阀厅接地刀闸）	*			*				*		*		*		*	
10	051117（011 直流滤波器接地刀闸）	*			*				*		*		*		*	必须满足运行所需的最少直流滤波器组数要求
11	001117（011 直流滤波器接地刀闸）	*			*				*		*		*		*	
12	05111（011 直流滤波器刀闸）		*		*			*		*		*		*		
13	00111（011 直流滤波器刀闸）		*		*			*		*		*		*		

续表

序号	设备编号和名称（以极I为例）	检修 合上	检修 拉开	冷备用 合上	冷备用 拉开	极隔离 合上	极隔离 拉开	极连接 合上	极连接 拉开	GR热备用（带线路OLT）合上	GR热备用（带线路OLT）拉开	MR热备用 合上	MR热备用 拉开	不带线路OLT 合上	不带线路OLT 拉开	备注
14	051127（012 直流滤波器接地刀闸）	*													*	必须满足运行所需的最少直流滤波器组数量要求
15	001127（012 直流滤波器接地刀闸）		*												*	
16	05112（012 直流滤波器刀闸）							*		*		*		*		
17	00112（012 直流滤波器刀闸）							*		*		*		*		
18	051057（极母线接地刀闸）	*			*				*		*		*		*	
19	05105（极母线线刀闸）		*		*		*	*		*		*		*		
20	0510517（极I线路接地刀闸）		*		*				*		*		*		*	
21	001007（中性线接地刀闸）	*							*		*		*		*	
22	0010（中性线开关）				*		*	*		*		*		*		

续表

序号	设备编号和名称（以极I为例）	检修		冷备用		极隔离		极连接		GR热备用（带线路OLT）		MR热备用		不带线路OLT		备注
		合上	拉开	合上	拉开	合上	拉开	合上	拉开	合上	拉开	合上	拉开	合上	拉开	
23	001027 或 001037	*													*	
24	00103（金属回线刀闸）		*		*						*		*	*		
25	00102（大地回线刀闸）		*		*			*		*		*		*		
26	005007								*		*				*	
27	00500（接地极刀闸）									◇	△	◇	△	◇	△	
28	0050017（接地极接地刀闸）										*				*	
29	00301									△			△	△		
30	0030（金属回线转换开关MRTB）									△			△	△		
31	00302									△			△	△		
32	00601	*		*		*		*		*		*		*		
33	0060（中性线接地开关NBGS）		*		*		*		*		*		*		*	
34	0040（大地回线转换开关GRTS）										△	△			△	

续表

序号	设备编号和名称（以极 I 为例）	检修		冷备用		极隔离		极连接		GR 热备用（带线路 OLT）		MR 热备用		不带线路 OLT		备注
		合上	拉开	合上	拉开	合上	拉开	合上	拉开	合上	拉开	合上	拉开	合上	拉开	
35	00401										*	*			*	
36	004017										*		*		*	
37	05121（极 I 旁路刀闸）										*		*	*		
38	051217（旁路接地刀闸）									*			*	*		
39	05122（极 II 旁路刀闸）										*	*			*	
40	052017（极 II 线路接地刀闸）												*			

说明：1. 上表所列设备状态为极典型状态要求，特殊工况根据现场要求按调令操作。
2. 龙泉站、江陵站、宜都站、团林站、德阳站 GR 热备用也可选择 00500 接地极刀闸运行方式。
3. 换流变交流开关及其两侧刀闸由现场根据"极状态转换"令自行操作。没有换流变地极刀闸的，极处于冷备用或检修状态时，刀闸应拉开，极处于冷备用或检修状态时，开关可以串运行。
开关应处于冷备用或检修状态：有换流变刀闸的，极处于冷备用或检修的，刀闸应拉开，"△"代表政平站特有，"○"代表德阳站、宝鸡站），"○"代表有换流站。
"*"代表两端换流站共有，"△"代表龙泉站、江陵站、宜都站、团林站、华新站、枫泾站、鹅城站、德阳站特有，站、华新站、宝鸡站特有。
"□"代表没有换流变进线刀闸的站（宜都站、华新站、团林站、江陵站、枫泾站、龙泉站、政平站）、变进线刀闸的站（鹅城站、龙泉站、政平站）。

139

B.1.2 特高压极状态系统表
B.1.2.1 特高压直流整流侧极状态系统表（以复龙站极Ⅰ双换流器运行方式为例）

设备名称	设备编号	检修		冷备用		极隔离		极连接		GR 热备用		GR 方式运行		MR 热备用		MR 方式运行	
		拉开	合上	拉开	合上	拉开	合上	拉开	合上	拉开	合上	拉开	合上	拉开	合上	拉开	合上
	51521	*		*													
	5152	*		*							*		*		*		*
	51522	*		*							*		*		*		*
	51531	*		*							*				*		*
	5153	*		*							*				*		*
	51532	*		*							*		*		*		*
交流场开关刀闸	52511	*		*							*				*		*
	5251	*		*									*		*		*
	52512	*		*							*		*		*		*
	52521	*		*							*				*		*
	5252	*		*							*		*		*		*
	52522	*		*							*				*		*

续表

设备名称	设备编号	检修		冷备用		极隔离		极连接		GR 热备用		GR 方式运行		MR 热备用		MR 方式运行	
		拉开	合上	拉开	合上	拉开	合上	拉开	合上	拉开	合上	拉开	合上	拉开	合上	拉开	合上
换流变接地刀闸	515367		*	*						*		*		*		*	
	801217		*	*						*		*		*		*	
	801227		*	*						*		*		*		*	
	525167		*	*						*		*		*		*	
	801117		*	*						*		*		*		*	
	801127		*	*						*		*		*		*	
	801137		*	*						*		*		*		*	
	801147		*	*						*		*		*		*	
换流器开关刀闸	80111	*									*		*		*		*
	80112	*									*		*		*		*
	8011											*				*	
	80116			*						*		*		*		*	
	801007		*	*								*		*		*	
	801237		*	*						*		*		*		*	
	001247		*	*						*		*		*		*	

续表

设备名称	设备编号	检修 拉开	检修 合上	冷备用 拉开	冷备用 合上	极隔离 拉开	极隔离 合上	极连接 拉开	极连接 合上	GR热备用 拉开	GR热备用 合上	GR方式运行 拉开	GR方式运行 合上	MR热备用 拉开	MR热备用 合上	MR方式运行 拉开	MR方式运行 合上
换流器 开关刀闸	80121	*		*											*		*
	00122	*		*							*		*		*		*
	8012		*								*	*	*	*		*	
	80126													*		*	
极母线	801057	*		*						*		*		*		*	
	80105			*							*		*		*		*
	8010517					*			*		*	*		*			
	81201											*		*		*	
直流 滤波器	80101	*													*		*
	801017		*							*		*		*		*	
	001027			*							*			*		*	
	00102	*		*					*			*	*		*		*
中性线	010007					*								*		*	
	0100												*		*		*

142

续表

设备名称	设备编号	检修		冷备用		极隔离		极连接		GR 热备用		GR 方式运行		MR 热备用		MR 方式运行	
		拉开	合上	拉开	合上	拉开	合上	拉开	合上	拉开	合上	拉开	合上	拉开	合上	拉开	合上
中性线	010027		*	*						*		*		*		*	
	01001	*		*		*			*		*		*		*		*
	01002	*		*		*			*		*		*		*		*
	03001										*		*	*		*	
	0300										*		*	*		*	
	03002										*		*	*		*	
接地极系统（复龙、宜宾接地极系统站内部分）	050007									*		*					
	05000									*				*		*	
	0500017									*		*					
	07001 复龙、宜宾												*				
	07002 复龙、宜宾										*		*				

续表

设备名称	设备编号	检修		冷备用		极隔离		极连接		GR 热备用		GR 方式运行		MR 热备用		MR 方式运行	
		拉开	合上	拉开	合上	拉开	合上	拉开	合上	拉开	合上	拉开	合上	拉开	合上	拉开	合上
金属回线	06001										*		*		*		*
	0600									*		*		*		*	
	04001										*		*		*		*
	040017									*		*		*		*	
	0400										*		*		*		*
	040007									*		*		*		*	
	81202										*		*		*		*

B.1.2.2 特高压直流非分层接入逆变侧极状态系统表（以奉贤站极Ⅰ双换流器运行方式为例）

设备名称	设备编号	检修		冷备用		极隔离		极连接		GR 热备用		GR 方式运行		MR 热备用		MR 方式运行	
		拉开	合上	拉开	合上	拉开	合上	拉开	合上	拉开	合上	拉开	合上	拉开	合上	拉开	合上
交流场开关刀闸	50221	*		*							*		*		*		*
	5022	*		*							*		*		*		*

续表

设备名称	设备编号	检修		冷备用		极隔离		极连接		GR 热备用		GR 方式运行		MR 热备用		MR 方式运行	
		拉开	合上	拉开	合上	拉开	合上	拉开	合上	拉开	合上	拉开	合上	拉开	合上	拉开	合上
交流场开关刀闸	50222	*		*													*
	50231	*		*							*		*		*		*
	5023	*		*							*		*		*		*
	50232	*		*							*		*		*		*
	50411	*		*							*		*		*		*
	5041	*		*							*		*		*		*
	50412	*		*							*		*		*		*
	50421	*		*							*		*				*
	5042	*		*							*		*		*		*
	50422	*		*							*		*		*		*
换流变接地刀闸	502367		*							*		*		*		*	
	801217		*							*		*		*		*	
	801227		*							*		*		*		*	
	504167		*							*		*		*		*	

续表

设备名称	设备编号	检修 拉开	检修 合上	冷备用 拉开	冷备用 合上	极隔离 拉开	极隔离 合上	极连接 拉开	极连接 合上	GR热备用 拉开	GR热备用 合上	GR方式运行 拉开	GR方式运行 合上	MR热备用 拉开	MR热备用 合上	MR方式运行 拉开	MR方式运行 合上
换流变接地刀闸	801117		*	*												*	
	801127		*	*						*		*		*		*	
	801137		*	*						*		*		*			
	801147		*	*						*		*		*		*	
	80111	*		*							*		*		*		*
	80112	*		*							*		*		*		*
换流器开关刀闸	8011																
	80116									*		*		*		*	
	801007		*	*						*		*		*		*	
	801237		*	*						*		*		*		*	
	001247		*	*						*		*		*		*	
	80121	*		*							*		*		*		*
	00122	*		*							*		*		*		*
	8012											*				*	
	80126									*		*		*		*	

续表

设备名称	设备编号	检修		冷备用		极隔离		极连接		GR 热备用		GR 方式运行		MR 热备用		MR 方式运行	
		拉开	合上	拉开	合上	拉开	合上	拉开	合上	拉开	合上	拉开	合上	拉开	合上	拉开	合上
极母线	801057		*	*						*		*		*		*	
	80105	*		*							*		*		*		*
	8010517		*	*		*			*								
	81201									*		*		*		*	
	80101	*									*		*		*		*
直流滤波器	801017		*	*								*		*			
	001027	*		*		*				*		*		*		*	
	00102	*		*													
	010007		*	*						*		*		*		*	
中性线	0100	*		*													
	010027		*						*		*		*		*		*
	01001	*		*		*			*		*		*		*		*
	01002	*		*		*			*		*		*		*		*

147

续表

设备名称	设备编号	检修		冷备用		极隔离		极连接		GR 热备用		GR 方式运行		MR 热备用		MR 方式运行	
		拉开	合上	拉开	合上	拉开	合上	拉开	合上	拉开	合上	拉开	合上	拉开	合上	拉开	合上
接地极系统	05000										*		*		*		*
	050007									*		*		*		*	
	0500017										*		*		*		*
	06001																*
	0600										*		*		*		*
金属回线	0400017									*		*		*		*	
	04000									*		*		*		*	
	040007									*		*					
	81202									*		*		*		*	

B.1.2.3 特高压直流分层接入逆变侧极状态系统表（以泰州站极Ⅰ双换流器运行方式为例）

设备名称	设备编号	检修		冷备用		极隔离		极连接		GR 热备用		GR 方式运行		MR 热备用		MR 方式运行	
		拉开	合上	拉开	合上	拉开	合上	拉开	合上	拉开	合上	拉开	合上	拉开	合上	拉开	合上
交流场	51321	*									*		*		*		*
开关刀闸	5132	*		*							*		*		*		*

续表

设备名称	设备编号	检修		冷备用		极隔离		极连接		GR 热备用		GR 方式运行		MR 热备用		MR 方式运行	
		拉开	合上	拉开	合上	拉开	合上	拉开	合上	拉开	合上	拉开	合上	拉开	合上	拉开	合上
交流场开关刀闸	51322	*		*													*
	51331	*		*							*		*		*		*
	5133	*		*							*		*		*		*
	51332	*		*							*		*		*		*
	T0711	*		*							*		*		*		*
	T071	*		*							*		*		*		*
	T0712	*		*							*		*		*		*
	T0721	*		*							*		*		*		*
	T072	*		*							*		*		*		*
	T0722	*		*							*		*		*		*
换流变接地刀闸	513367		*	*						*		*		*		*	
	801117		*	*								*		*		*	
	801127		*	*						*		*		*		*	

续表

设备名称	设备编号	检修		冷备用		极隔离		极连接		GR 热备用		GR 方式运行		MR 热备用		MR 方式运行	
		拉开	合上	拉开	合上	拉开	合上	拉开	合上	拉开	合上	拉开	合上	拉开	合上	拉开	合上
换流变接地刀闸	T07167		*	*													
	801217		*	*						*		*		*		*	
	801227		*	*						*		*		*		*	
	801137		*	*								*		*		*	
	801147		*	*								*		*		*	
	80111	*									*		*		*		*
	80112	*									*		*		*		*
换流器开关刀闸	8011			*													
	80116		*	*						*		*		*		*	
	801007		*	*						*		*		*		*	
	801237		*	*						*		*		*		*	
	001247		*	*						*				*		*	
	80121	*									*		*		*		*
	00122	*											*		*		*

续表

设备名称	设备编号	检修		冷备用		极隔离		极连接		GR 热备用		GR 方式运行		MR 热备用		MR 方式运行	
		拉开	合上	拉开	合上	拉开	合上	拉开	合上	拉开	合上	拉开	合上	拉开	合上	拉开	合上
换流器开关刀闸	8012											*				*	
	80126									*		*		*		*	
极母线	801057		*	*						*		*		*		*	
	80105	*		*		*					*	*		*		*	
	8010517								*	*			*		*		*
	81201										*	*		*		*	
直流滤波器	80101	*								*			*		*		*
	801017		*							*		*		*		*	
	001027		*	*													
	00102		*	*		*					*		*		*		*
中性线	010007	*								*		*		*		*	
	0100								*		*		*		*		*

续表

设备名称	设备编号	检修		冷备用		极隔离		极连接		GR 热备用		GR 方式运行		MR 热备用		MR 方式运行	
		拉开	合上	拉开	合上	拉开	合上	拉开	合上	拉开	合上	拉开	合上	拉开	合上	拉开	合上
中性线	010027		*	*													*	
	01001	*		*		*			*	*		*		*			*
	01002	*		*		*			*		*		*		*		*
接地极系统	05000										*		*		*		*
	050007									*		*		*		*	
	0500017									*		*		*		*	
金属回线	06001									*		*		*		*	
	0600																
	0400017									*		*		*		*	
	04000									*		*		*			*
	040007										*		*		*	*	
	81202																*

说明：青豫直流逆变侧豫南站参照分层接入逆变侧极状态系统表，表中 T0711、T071、T0712、T0721、T072、T0722 开关均为豫南站对应 500kV 开关、刀闸。

B.1.3 银东直流极状态表

序号	设备编号和名称[以银川东站（胶东站）极Ⅰ为例]	检修 合上	检修 拉开	冷备用 合上	冷备用 拉开	极隔离 合上	极隔离 拉开	极连接 合上	极连接 拉开	GR 热备用（带线路 OLT） 合上	GR 热备用（带线路 OLT） 拉开	MR 热备用 合上	MR 热备用 拉开	不带线路 OLT 合上	不带线路 OLT 拉开	备注
1	3313（5061）（换流变交流开关）		*		*					*		*		*		
2	3312（5062）（换流变交流开关）		*		*						*		*		*	
3	33131（50611）		*		*					*		*		*		
4	33132（50612）		*		*					*		*		*		
5	33121（50621）		*		*					*		*		*		
6	33122（50622）		*		*					*		*		*		
7	331367（506167）（换流变接地刀闸）	*			*				*		*		*		*	
8	060117（阀组接地刀闸）	*			*				*		*		*		*	
9	060127（阀组接地刀闸）	*			*				*		*		*		*	
10	061107（阀组接地刀闸）	*			*				*		*		*		*	
11	001207（阀组接地刀闸）	*			*				*		*		*		*	

续表

序号	设备编号和名称[以银川东站（胶东站）极Ⅰ为例]	检修		冷备用		极隔离		极连接		GR 热备用（带线路 OLT）		MR 热备用		不带线路 OLT		备注
		合上	拉开	合上	拉开	合上	拉开	合上	拉开	合上	拉开	合上	拉开	合上	拉开	
12	061117（011 直流滤波器接地刀闸）	*					*		*		*		*		*	
13	001117（011 直流滤波器接地刀闸）	*					*		*		*		*		*	
14	0611（011 直流滤波器刀闸）		*			*		*		*		*		*		
15	00111（011 直流滤波器刀闸）		*			*		*		*		*		*		必须满足运行所需的最少直流滤波器组数要求
16	061127（012 直流滤波器接地刀闸）	*					*		*		*		*		*	
17	001127（012 直流滤波器接地刀闸）	*					*		*		*		*		*	
18	0612（012 直流滤波器刀闸）		*			*		*		*		*		*		
19	00112（012 直流滤波器刀闸）		*			*		*		*		*		*		
20	061057（极母线接地刀闸）	*			*				*		*		*		*	

序号	设备编号和名称[以银川东站（胶东站）极I为例]	检修 合上	检修 拉开	冷备用 合上	冷备用 拉开	极隔离 合上	极隔离 拉开	极连接 合上	极连接 拉开	GR 热备用（带线路OLT）合上	GR 热备用（带线路OLT）拉开	MR 热备用 合上	MR 热备用 拉开	不带线路 OLT 合上	不带线路 OLT 拉开	备注
21	06105（极母线刀闸）		*		*										*	
22	0610517（极I线路接地刀闸）						*	*		*		*				
23	001007（中性线接地刀闸）	*			*				*		*		*		*	
24	0010（中性线开关）		*		*		*	*		*		*		*		
25	001037（中性线接地刀闸）	*			*				*		*		*		*	
26	00103（金属回线刀闸）		*		*		*	*		*		*		*		
27	00500（接地极刀闸）									◇	△	◇	△	◇	△	
28	00102（大地回线刀闸）		*		*		*	*				*		*		
29	005007										*	*				
30	0050017（接地极接地刀闸）										*	*				
31	00301									△			△	△		
32	0030（金属回线转换开关 MRTB）									△			△	△	△	

续表

序号	设备编号和名称 [以银川东站（胶东站）极Ⅰ为例]	检修		冷备用		极隔离		极连接		GR热备用（带线路OLT）		MR热备用		不带线路OLT		备注
		合上	拉开	合上	拉开	合上	拉开	合上	拉开	合上	拉开	合上	拉开	合上	拉开	
33	00302	*								△	△	△	△	△	△	
34	00601			*		*		*		*		*		*		
35	0060（中性线接地开关 NBGS）		*		*		*		*		*		*		*	
36	0040（大地回线转换开关 GRTS）										△	△			△	
37	00401										*		*		*	
38	004017										*		*		*	
39	06121（极Ⅰ旁路刀闸）									*						
40	061217（旁路接地刀闸）										*		*	*		
41	06122（极Ⅱ旁路刀闸）											*			*	
42	0620517（极Ⅱ线路接地刀闸）												*			

说明：银川东站 GR 热备用也可选择 00500 接地极刀闸运行方式。换流变交流开关及其两侧刀闸运行方式（银川东站 3312、3313、3341、3342 开关，胶东站 5061、5062、5021、5022 开关）由现场根据"极状态转换"令自行操作。*代表操作。△代表银川东站特有，◇代表胶东站特有。

B.1.4　葛南直流极状态表

序号	设备编号和名称 [以极 I 为例]	检修		冷备用		极隔离		极连接		GR 热备用 （带线路 OLT）		MR 热备用		不带线路 OLT		备注
		合上	拉开	合上	拉开	合上	拉开	合上	拉开	合上	拉开	合上	拉开	合上	拉开	
1	5021、5022（换流变交流开关，南桥站对应 2001 开关）		*		*					*		*		*		
2	50211、50212、50221、50222（换流变交流开关，南桥站两侧刀闸，南桥站对应 20016 刀闸）		*		*					*		*		*		
3	502167（换流变接地刀闸，南桥站对应 2001617）	*							*		*		*		*	
4	050117（阀厅接地刀闸）	*			*				*		*		*		*	
5	050127（阀厅接地刀闸）	*			*				*		*		*		*	
6	051107（阀厅接地刀闸）	*			*				*		*		*		*	

续表

序号	设备编号和名称[以极Ⅰ为例]	检修		冷备用		极隔离		极连接		GR热备用（带线路OLT）		MR热备用		不带线路OLT		备注
		合上	拉开	合上	拉开	合上	拉开	合上	拉开	合上	拉开	合上	拉开	合上	拉开	
7	001207（阀厅接地刀闸）	*			*										*	
8	051117（011直流滤波器接地刀闸）	*							*		*		*		*	必须满足运行所需的最少直流滤波器组数要求
9	001117（011直流滤波器接地刀闸）	*							*		*		*		*	
10	05111（011直流滤波器刀闸）		*					*		*		*		*		
11	00111（011直流滤波器刀闸）		*					*		*		*		*		
12	051127（012直流滤波器接地刀闸）	*							*		*		*		*	
13	001127（012直流滤波器接地刀闸）	*							*		*		*		*	
14	05112（012直流滤波器刀闸）		*					*		*		*		*		

续表

序号	设备编号和名称[以极 I 为例]	检修		冷备用		极隔离		极连接		GR 热备用（带线路 OLT）		MR 热备用		不带线路 OLT		备注
		合上	拉开	合上	拉开	合上	拉开	合上	拉开	合上	拉开	合上	拉开	合上	拉开	
15	00112（012 直流滤波器刀闸）		*													
16	051057（极母线接地刀闸）	*			*						*		*		*	
17	05105（极母线刀闸）		*		*			*		*		*		*		
18	051067（极 I 线路接地刀闸）	*			*		*		*		*				*	
19	05106（极 I 线路刀闸）		*							*		*			*	
20	0010（中性线开关）		*		*		*	*		*		*		*		
21	00102（中性线刀闸）		*		*		*	*		*		*		*		
22	001027（中性线接地刀闸）				*						*		*		*	葛洲坝站、南桥站双极检修时，应合上站内 001027 接地刀闸

续表

序号	设备编号和名称[以极 I 为例]	检修 合上	检修 拉开	冷备用 合上	冷备用 拉开	极隔离 合上	极隔离 拉开	极连接 合上	极连接 拉开	GR 热备用（带线路 OLT）合上	GR 热备用（带线路 OLT）拉开	MR 热备用 合上	MR 热备用 拉开	不带线路 OLT 合上	不带线路 OLT 拉开	备注
23	00500															
24	003027														△	
25	00301									△	△		△	△		
26	0030（金属回线转换开关 MRTB）									△			△	△		
27	00302									△			△	△		
28	0040（大地回线转换开关 GRTS）											△				
29	00401											△				
30	00402											△				
31	004027									△			△			
32	00400									◇			△	◇		
33	004007										◇	◇			◇	
34	00300										◇		◇		◇	
35	003007									◇		◇		◇		

葛洲坝站特有设备（序号 24～28）

南桥站特有设备（序号 32～35）

续表

序号	设备编号和名称[以极 I 为例]	检修		冷备用		极隔离		极连接		GR 热备用（带线路 OLT）		MR 热备用		不带线路 OLT		备注
		合上	拉开	合上	拉开	合上	拉开	合上	拉开	合上	拉开	合上	拉开	合上	拉开	
36	05121（极 I 旁路刀闸）										*		*		*	
37	05122（极 II 旁路刀闸）										*		*		*	

说明：1. 上表所列设备状态为极典型状态要求，特殊工况根据现场要求按调令操作。

2. 葛洲坝站 GR 热备用也可选择 00500 接地极刀闸运行间运行方式。

3. 换流变交流开关及其两侧刀闸由现场根据"极状态转换"令自行操作。

"*"代表葛洲坝站，南桥站共有，"△"代表葛洲坝站特有，"○"代表南桥站特有。

B.1.5　高岭直流单元状态表

序号	单元 I 设备编号	单元 II 设备编号	单元 III 设备编号	单元 IV 设备编号	检修		冷备用		热备用		运行		华北侧 OLT 试验		东北侧 OLT 试验	
					合上	拉开	合上	拉开	合上	拉开	合上	拉开	合上	拉开	合上	拉开
1	50721	50621	50421	50221		*		*	■		■			*	■	
2	5072	5062	5042	5022		*		*	■		■			*	■	
3	50722	50622	50422	50222		*		*	■		■			*	■	

续表

序号	单元I设备编号	单元II设备编号	单元III设备编号	单元IV设备编号	检修 合上	检修 拉开	冷备用 合上	冷备用 拉开	热备用 合上	热备用 拉开	运行 合上	运行 拉开	华北侧OLT试验 合上	华北侧OLT试验 拉开	东北侧OLT试验 合上	东北侧OLT试验 拉开
4	50731	50631	50431	50231	*			*	●		●				●	
5	5073	5063	5043	5023	*			*	●		●		*	*	●	
6	50732	50632	50432	50232	*			*	●		●			*	●	
7	507367	506367	504367	502367	*			*		*				*		*
8	051017	052017	053017	054017	*			*		*				*		*
9	051027	052027	053027	054027	*			*		*						*
10	051117	052117	053117	054117	*			*		*		*		*		*
11	051127	052127	053127	054127	*			*		*		*		*		*
12	001017	002017	003017	004017	*			*		*		*				*
13	001027	002027	—	—	*			*		*		*		*		*
14	001117	002117	—	—	*			*		*		*		*		*
15	001127	002127	003127	004127	*			*		*		*				*
16	001007	002007	003007	004007		*		*		*		*		*	*	
17	515167	513167	511167	512167	*			*		*		*		*		*

续表

序号	单元Ⅰ设备编号	单元Ⅱ设备编号	单元Ⅲ设备编号	单元Ⅳ设备编号	检修		冷备用		热备用		运行		华北侧 OLT 试验		东北侧 OLT 试验	
					合上	拉开	合上	拉开	合上	拉开	合上	拉开	合上	拉开	合上	拉开
18	51511	51311	51111	51211		*		*	■		■		■			*
19	5151	5131	5111	5121		*		*	■		■		■			*
20	51512	51312	51112	51212		*		*	■		■		■			*
21	51521	51321	51121	51221		*		*	●		●		●			*
22	5152	5132	5112	5122		*		*	●		●		●			*
23	51522	51322	51122	51222		*		*	●		●		●			*

注 "■""●"标识设备至少有一组满足要求。未作特殊说明，两组设备均应满足要求。

B.1.6 灵宝直流单元状态表

B.1.6.1 灵宝直流单元Ⅰ状态表

序号	单元Ⅰ设备编号	检修		冷备用		热备用		运行		华中侧 OLT 试验		西北侧 OLT 试验	
		合上	拉开	合上	拉开	合上	拉开	合上	拉开	合上	拉开	合上	拉开
1	33011		*		*	*		*			*	*	
2	3301		*		*	*		*			*	*	

序号	单元I设备编号	检修		冷备用		热备用		运行		华中侧OLT试验		西北侧OLT试验	
		合上	拉开	合上	拉开	合上	拉开	合上	拉开	合上	拉开	合上	拉开
3	330127	*			*		*		*				*
4	03317	*			*		*		*		*		*
5	03327	*			*		*		*		*		*
6	02217	*			*		*		*		*		*
7	02227	*			*		*		*		*		*
8	0117	*			*		*		*				*
9	220127	*			*		*		*		*		*
10	2201		*		*	*		*		*			*
11	22011		*		*	*		*		*			*

B.1.6.2 灵宝直流单元II状态表

序号	单元II设备编号	检修		冷备用		热备用		运行		华中侧OLT试验		西北侧OLT试验	
		合上	拉开	合上	拉开	合上	拉开	合上	拉开	合上	拉开	合上	拉开
1	33321		*		*	■		■			*	■	
2	3332		*		*	■		■			*	■	

续表

序号	单元Ⅱ设备编号	检修		冷备用		热备用		运行		华中侧 OLT 试验		西北侧 OLT 试验	
		合上	拉开	合上	拉开	合上	拉开	合上	拉开	合上	拉开	合上	拉开
3	33322		*		*	■		■					■	
4	33331		*		*	●		●			*	●	*
5	3333		*		*	●		●			*	●	*
6	33332		*		*	●		●			*	●	*
7	333367	*			*		*		*		*		*
8	02017	*			*		*		*		*		*
9	02027	*			*		*		*		*		*
10	02117	*			*		*		*		*		*
11	02127	*			*		*		*		*		*
12	0217	*			*		*		*		*		*
13	0227	*			*		*		*		*		*
14	501367	*			*		*		*		*		*
15	50121		*		*	■		■		■			*
16	5012		*		*	■		■		■			*
17	50122		*		*	■		■		■			*

续表

序号	单元Ⅱ 设备编号	检修 合上	检修 拉开	冷备用 合上	冷备用 拉开	热备用 合上	热备用 拉开	运行 合上	运行 拉开	华中侧OLT试验 合上	华中侧OLT试验 拉开	西北侧OLT试验 合上	西北侧OLT试验 拉开
18	50131		*		*	●		●		●			*
19	5013		*		*	●		●		●			*
20	50132		*		*	●		●		●			*

说明："■""●"标识设备至少有一组满足要求。未作特殊说明，两组设备均应满足要求。

B.2 设备状态表

B.2.1 换流器（以复龙站极Ⅰ高端换流器为例）

序号	设备编号	检修 拉开	检修 合上	冷备用 拉开	冷备用 合上	热备用 拉开	热备用 合上	充电 拉开	充电 合上	连接 拉开	连接 合上	运行 拉开	运行 合上
1	525167		*	*		*		*		*		*	
2	801117	*		*			*		*		*		*
3	801127	*			*		*		*		*		*
4	801137	*		*		*		*			*		*
5	801147	*		*		*			*		*		*

续表

序号	设备编号	检修 拉开	检修 合上	冷备用 拉开	冷备用 合上	热备用 拉开	热备用 合上	充电 拉开	充电 合上	连接 拉开	连接 合上	运行 拉开	运行 合上
6	8011											*	
7	80111	*		*		*			*		*		*
8	80112	*		*		*			*		*		*
9	80116									*			
10	5251	冷备用或检修				热备用		运行		运行		运行	
11	5252	冷备用或检修				热备用		运行		运行		运行	

注　如现场对开关状态有特殊要求，需提出申请说明。

B.2.2　阀组

系统名称	设备编号和名称（直流系统以极 I 为例）	检修 合上	检修 拉开	冷备用 合上	冷备用 拉开	备注
龙政直流	050117（极 I 阀厅接地刀闸）	*			*	
江城直流	050127（极 I 阀厅接地刀闸）	*			*	
宜华直流	051107（极 I 阀厅接地刀闸）	*			*	
林枫直流						
德宝直流	001207（极 I 阀厅接地刀闸）	*			*	
葛南直流						

续表

系统名称	设备编号和名称 （直流系统以极Ⅰ为例）	检修		冷备用		备注
		合上	拉开	合上	拉开	
复奉直流	80111				*	
锦苏直流	80112		*		*	
宾金直流	801117	*	*		*	
天中直流	801127	*			*	
灵绍直流	801137	*			*	
祁韶直流	801147	*			*	
雁淮直流	8011	*				
锡泰直流 鲁固直流 青豫直流Ⅰ （以复龙站极Ⅰ 高端阀组为例）	80116					
银东直流	060117（极Ⅰ阀组接地刀闸）	*			*	
	060127（极Ⅰ阀组接地刀闸）	*			*	
	061107（极Ⅰ阀组接地刀闸）	*			*	
	001207（极Ⅰ阀组接地刀闸）	*			*	

续表

系统名称	设备编号和名称（直流系统以极 I 为例）		检修		冷备用		备注
	单元 I	单元 III	合上	拉开	合上	拉开	
高岭直流	051017	053017	*			*	
	051027	053027	*			*	
	001017	003017	*			*	
	001007	003007		*		*	
	001027	—	*			*	
	051117	053117	*			*	
	051127	053127	*			*	
	001117	—	*			*	
	001127	003127	*			*	
灵宝直流	单元 I	单元 II					
	330127	333367	*			*	
	03317	02017	*			*	
	03327	02027	*			*	
	02217	02117	*			*	
	02227	02127	*			*	
	0117	0217	*			*	

续表

系统名称	设备编号和名称（直流系统以极I为例）		检修 合上	检修 拉开	冷备用 合上	冷备用 拉开	备注
灵宝直流	220127	0227	*			*	
		501367	*			*	

B.2.3 换流变

系统名称	设备编号和名称（直流系统以极I为例）	检修 合上	检修 拉开	冷备用 合上	冷备用 拉开	热备用 合上	热备用 拉开	运行 合上	运行 拉开	备注
龙政直流 江城直流 宜华直流 林枫直流 德宝直流 葛南直流	换流变刀闸（有换流变刀闸站）		○		○	○		○		如：鹅城、龙泉、政平
	换流变接地刀闸	*			*		*		*	
	050117（极I阀厅接地刀闸）	*			*		*		*	
	050127（极I阀厅接地刀闸）	*			*		*		*	
	换流变交流侧开关（有换流变刀闸站）	冷备用或检修		冷备用或检修		热备用		运行		
	换流变交流侧开关（无换流变刀闸站）	冷备用或检修		冷备用或检修		热备用		运行		

续表

系统名称	设备编号和名称（直流系统以极I为例）	检修		冷备用		热备用		运行		备注
		合上	拉开	合上	拉开	合上	拉开	合上	拉开	
复奉直流	525167	*			*		*		*	
锦苏直流	801117	*			*		*		*	
宾金直流	801127	*			*		*		*	
天中直流　灵绍直流　祁韶直流	80111		*		*					
雁淮直流　锡泰直流	80112		*		*					
鲁固直流	5251	冷备用或检修		冷备用或检修		热备用		运行		
青豫直流（以复龙站极I高端换流变为例）	5252	冷备用或检修		冷备用或检修		热备用		运行		
银东直流	换流变接地刀闸	冷备用或检修		冷备用或检修		热备用		运行		
	060117（极I阀组接地刀闸）	*			*		*			
	060127（极I阀组接地刀闸）	*			*		*			
	换流变交流侧开关	冷备用或检修		冷备用或检修		热备用		运行		

续表

系统名称	设备编号和名称（直流系统以极I为例）		检修		冷备用		热备用		运行		备注
			合上	拉开	合上	拉开	合上	拉开	合上	拉开	
高岭直流	单元III	单元I									
	5042	5072	冷备用或检修		冷备用或检修		热备用		运行		
	5043	5073	冷备用或检修		冷备用或检修		热备用		运行		
	504367	507367	*			*		*		*	
	053017	051017	*			*		*		*	
	053027	051027	*			*		*		*	
	5111	5151	冷备用或检修		冷备用或检修		热备用		运行		
	5112	5152	冷备用或检修		冷备用或检修		热备用		运行		
	511167	515167	*			*		*		*	
	053117	051117	*			*		*		*	
	053127	051127	*			*		*		*	
灵宝直流（以西北侧为例）	单元II	单元I									
	33322、33331	33011		*		*	*		*		
	3332、3333	3301		*		*		*	*		
	333367	330127	*			*		*		*	
	02017	03317	*			*		*		*	
	02027	03327	*			*		*		*	

B.2.4　直流滤波器

系统名称	设备名称	检修		运行		备注
		合上	拉开	合上	拉开	
所有直流系统	直流滤波器刀闸		*	*		
	直流滤波器接地刀闸	*			*	

B.2.5　交流滤波器

系统名称	设备名称	检修		冷备用		热备用		运行		备注
		合上	拉开	合上	拉开	合上	拉开	合上	拉开	
所有直流系统	交流滤波器开关		*		*		*	*		
	交流滤波器开关刀闸		*		*	*		*		
	交流滤波器开关接地刀闸	*		*			*		*	
	交流滤波器接地刀闸	*			*		*		*	

B.2.6 直流线路

系统名称	设备编号和名称（以极Ⅰ为例）	检修		冷备用		运行		备注
		合上	拉开	合上	拉开	合上	拉开	
龙政直流 江城直流 宜华直流	05105（极Ⅰ极母线刀闸）		*		*	*		两侧换流站
林枫直流	0510517（极Ⅰ线路接地刀闸）	*			*	*		两侧换流站
德宝直流	05121（极Ⅰ旁路刀闸）		*		*		*	两侧换流站
葛南直流	05106（极Ⅰ线路刀闸）		*		*	*		两侧换流站
	051067（极Ⅰ线路接地刀闸）	*			*	*		两侧换流站
锦苏直流 复奉直流 宾金直流	80105		*		*	80105、81201其中一个刀闸在合位，另外一个在分位		两侧换流站
天中直流 灵绍直流 祁韶直流 雁淮直流 锡泰直流	81201		*		*			两侧换流站
鲁固直流 青豫直流	8010517	*			*		*	两侧换流站
银东直流	06105（极Ⅰ极母线刀闸）		*		*	*		两侧换流站
	0610517（极Ⅰ线路接地刀闸）				*		*	两侧换流站
	06121（极Ⅰ旁路刀闸）		*		*		*	两侧换流站

B.2.7　接地极系统（非共用接地极）

系统名称	设备编号和名称	检修		冷备用		运行		备注
		合上	拉开	合上	拉开	合上	拉开	
江城直流 宜华直流 龙政直流（政平站） 德宝直流 银东直流	0030（金属回线转换开关）		△		△	△		
	00301（金属回线转换刀闸）		△		△	△		
	00302（金属回线转换刀闸）		△		△	△		
	00500（接地极刀闸）		*		*	◇	△	
	005007（接地极接地刀闸）	*			*		*	
	0050017（接地极接地刀闸）	*			*		*	
葛南直流（葛洲坝站）	0030（金属回线转换开关）		△		△	△		
	00301（金属回线转换刀闸）		△		△	△		
	00302（金属回线转换刀闸）		△		△	△		
	00500				*	◇	△	
	003027（接地极接地刀闸）	*			*		*	

续表

系统名称	设备编号和名称	检修 合上	检修 拉开	冷备用 合上	冷备用 拉开	运行 合上	运行 拉开	备注
复奉直流 锦苏直流 宾金直流 天中直流 灵绍直流 祁韶直流 雁淮直流 锡泰直流 鲁固直流 昭沂直流 吉泉直流 青豫直流	0300		△		△	△		
	03001		△		△	△		
	03002		△		△	△		
	05000		*		*	◇		
	050007				*		*	
	0500017	*			*		*	

说明："*"代表两端换流站共有，"△"代表龙泉站、江陵站、宜都站、德阳站、葛洲坝站、银川东站、天山站、祁连站、雁门关站、锡盟换流站、扎鲁特站、灵州站、昌吉特站、伊克昭站、青南站、金华站、锦屏站、代表政平站、锦屏站、鹅城站、华新站、宝鸡站、南桥站、胶东站、奉贤站、中州站、韶山站、淮安站、泰州站、广固站、绍兴站、沂南站、古泉站、豫南站特有。"◇"代表政平站、金华站、锦屏站特有。

B.2.8　林枫、葛南、龙政直流共用接地极
B.2.8.1　接地极站内部分

接地极站内部分名称	设备编号和名称	检修		冷备用		运行		备注
		合上	拉开	合上	拉开	合上	拉开	
团林站接地极站内部分 枫泾站接地极站内部分 龙泉站接地极站内部分 南桥站接地极站内部分	0030（金属回线转换开关）		□	□	□	□		
	00301（金属回线转换刀闸）		□	□	□	□		
	00302（金属回线转换刀闸）		□	□	□	□		
	00500（接地极刀闸）	*			*	○	□	南桥站为00400 （接地极刀闸）
	005007（接地极刀）				*		*	
	0050017（接地极刀）				*		*	南桥站只有004007 （接地极刀）
	00701（接地极线路刀闸）		*		*	*		
	00702（接地极线路刀闸）		*		*	*		

说明："*"代表各换流站共有；"□"代表团林、龙泉站特有；"○"代表枫泾、南桥站特有。

177

B.2.8.2 接地极线路

接地极线路名称	设备编号和名称	检修		冷备用		运行		备　注
		合上	拉开	合上	拉开	合上	拉开	
团林侧接地极线路	00701（接地极线路刀闸）		*		*	*		接地极线路在检修时需要在共用接地极侧加装安全措施
枫径侧接地极线路	00702（接地极线路刀闸）		*		*	*		
龙泉侧接地极线路	007017（接地极线路地刀）	*			*		*	
南桥侧接地极线路	007027（接地极线路地刀）	*			*		*	
	00801（接地极线路刀闸）	△			△	△		
	00802（接地极线路刀闸）	◇			◇	◇		

说明："*"代表各换流站接地极线路共有；"△"代表团林、枫径侧接地极线路特有；"◇"代表龙泉、南桥侧接地极线路特有。

B.2.8.3 共用接地极

接地极名称	设备编号和名称	检修		备注
		合上	拉开	
肯台接地极	00801（接地极线路刀闸）		*	共用接地极在检修时需加装安全措施
煤原接地极	00802（接地极线路刀闸）		*	

B.2.9 复奉、宾金直流共用接地极

B.2.9.1 接地极站内部分

接地极站内部分名称	设备编号和名称	检修		冷备用		运行		备注
		合上	拉开	合上	拉开	合上	拉开	
	0300（金属回线转换开关）		*		*	*		
	03001（金属回线转换刀闸）		*		*	*		
	03002（金属回线转换刀闸）		*		*	*		
	05000（接地极刀闸）		*		*		*	
宜宾站接地极站内部分 复龙站接地极站内部分	050007（接地极地刀）				*		*	
	0500017（接地极地刀）	*					*	
	07001（接地极线路刀闸）		*		*	*		
	07002（接地极线路刀闸）		*		*	*		

B.2.9.2 接地极线路

接地极线路名称	设备编号和名称	检修		冷备用		运行		说　明
		合上	拉开	合上	拉开	合上	拉开	
宜宾侧接地极线路 复龙侧接地极线路	07001（接地极线路刀闸）		*		*	*		"*"代表宜宾侧，复龙站"△"代表有 接地极线路共有； 宜宾站接地极侧应加装安全措施。
	07002（接地极线路刀闸）		*		*	*		
	070017（接地极线路地刀）	△			△		△	
	070027（接地极线路地刀）	△			△		△	

备注：1. 宜宾侧、复龙侧接地极线路冷备用时，共乐接地极侧相应接地极线路的隔离刀线应断引，安全措施应拆除。

2. 宜宾侧接地极线路检修时，共乐接地极侧相应接地极线路的隔离刀线应断引，共乐接地极侧应加装安全措施。

3. 复龙侧接地极线路检修时，共乐接地极侧相应接地极线路的隔离刀线应断引，共乐接地极侧、复龙侧应加装安全措施。

B.2.9.3 共乐接地极

检修：接至共乐接地极的接地极线路在接地极侧的隔离引线均已断引，且加装安全措施。

注：共乐接地极需转为检修时，应在两侧直流接地极线路冷备用或检修状态下操作。

运行：共用接地极安全措施拆除，共用接地极任一侧接地极线路隔离引线接引。

B.2.10　金华侧隔直装置

B.2.10.1　金华站 811B 中性点隔直装置状态定义

状态	811017 接地刀闸	811027 刀闸
投入	断开	合上
退出	合上	断开

B.2.10.2　金华站 812B 中性点隔直装置状态定义

状态	812017 接地刀闸	812027 刀闸
投入	断开	合上
退出	合上	断开

B.2.10.3　金华站 821B 中性点隔直装置状态定义

状态	821017 接地刀闸	821027 刀闸
投入	断开	合上
退出	合上	断开

B.2.10.4 金华站822B中性点隔直装置状态定义

状态	822017接地刀闸	822027刀闸
投入	断开	合上
退出	合上	断开

附录 C 操 作 令 示 例

对于有人值守厂站，由国调调度员下令现场值班员操作；对于无人值守变电站，由国调调度员下令省调监控员，再由省调监控员按规程远方操作或转令现场值班员操作。

C.1 厂站接线示例

操作示例站（厂）接线如下图所示，除特殊说明外，操作示例对应设备均以此图为准。

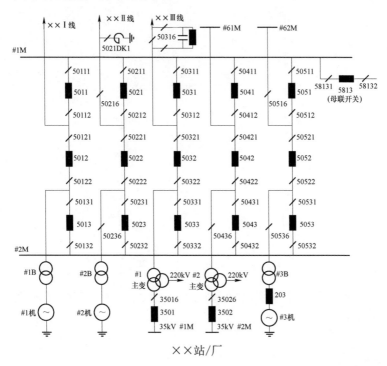

××站/厂

××电厂内桥形接线示例（×× Ⅰ线、×× Ⅱ线一侧为
××电厂，另一侧为××站）。

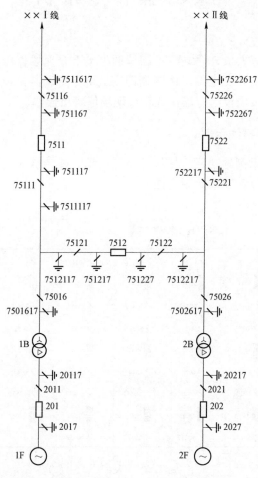

××电厂四角形接线示例（×× Ⅰ线一侧为××电厂，另
一侧为××站）。

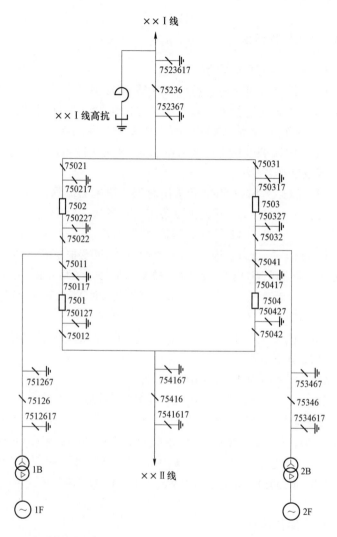

C.2 刀闸操作示例

C.2.1 国调调度指令：拉开××站 50121 刀闸。

C.2.2 国调调度指令：合上××站××Ⅱ线 50216 线路刀闸。

C.3 开关操作示例

C.3.1 有人值守厂站示例

C.3.1.1 国调调度指令：拉开××站5041开关。

C.3.1.2 国调调度指令：合上××站××Ⅰ线5011开关。

注：操作中××站应根据实际情况按规定加用同期装置。

C.3.1.3 国调调度指令：××站5042开关由冷备用转运行。

现场操作步骤：

（1）核：××站5042开关所有安全措施已拆除。

（2）××站5042开关由冷备用转热备用。

（3）××站5042开关由热备用转运行。

注：操作前，现场需核实已投入5042开关相应保护装置（包括开关失灵保护，以及国调规定正常运行时需要投入的开关重合闸），已拉开5042开关相关的接地刀闸，并已完成5042开关有关辅助设备的其他操作，安全措施已拆除。

C.3.1.4 国调调度指令：××站5042开关由运行转冷备用。

现场操作步骤：

（1）××站5042开关由运行转热备用。

（2）××站5042开关由热备用转冷备用。

注：操作后，现场根据国调停电工作票或紧急抢修申请单的批复内容合上5042开关相关的接地刀闸，退出5042开关相应保护装置（包括开关失灵保护、开关重合闸），并完成5042开关有关辅助设备的其他操作。

C.3.1.5 国调调度指令：××站5021、5022、5023开关由热备用转冷备用。

现场操作步骤：

（1）××站5021开关由热备用转冷备用。

（2）××站5022开关由热备用转冷备用。

（3）××站5023开关由热备用转冷备用。

注：步骤（1）～（3）的操作顺序可由××站按照相关规程规定自

行调整；操作后，现场根据国调停电工作票或紧急抢修申请单的批复内容合上 5021、5022、5023 开关相关的接地刀闸，退出 5021、5022、5023 开关相应保护装置（包括开关失灵保护、开关重合闸），并完成 5021、5022、5023 开关有关辅助设备的其他操作。

C.3.2 无人值守变电站示例

C.3.2.1 国调调度指令：拉开××站 5041 开关。

C.3.2.2 国调调度指令：合上××站××Ⅰ线 5011 开关。

注：操作中××站应根据实际情况按规定加用同期装置。

C.3.2.3 国调调度指令：××站 5042 开关由冷备用转运行。

现场操作步骤：

（1）××站 5042 开关由冷备用转热备用。

（2）××站 5042 开关由热备用转运行。

注：操作前，现场需核实已投入 5042 开关相应保护装置（包括开关失灵保护，以及国调规定正常运行时需要投入的开关重合闸），已拉开 5042 开关相关的接地刀闸，并已完成 5042 开关有关辅助设备的其他操作，安全措施已拆除。

C.3.2.4 国调调度指令：××站 5042 开关由运行转冷备用。

现场操作步骤：

（1）××站 5042 开关由运行转热备用。

（2）××站 5042 开关由热备用转冷备用。

注：操作后，现场根据国调停电工作票或紧急抢修申请单的批复内容合上 5042 开关相关的接地刀闸，退出 5042 开关相应保护装置（包括开关失灵保护、开关重合闸），并完成 5042 开关有关辅助设备的其他操作。

C.4 母线操作示例

C.4.1 有人值守厂站示例

C.4.1.1 国调调度指令：××站 500kV #1M 母由冷备用转运行，5041 开关保持冷备用及以下状态，5813 开关热备用。

现场操作步骤：

（1）××站 500kV #1M 母和除 5041 开关外所有 500kV #1M 母侧开关的安全措施已拆除。

（2）除 5041 开关外，××站 500kV #1M 母侧所有冷备用状态开关转热备用。

（3）××站按相关规定选择除 5813 开关外 500kV #1M 母侧某一热备用开关转运行，对母线充电。

（4）除 5813 开关外，××站 500kV #1M 母侧所有热备用状态开关转运行（操作中××站应根据实际情况按规定加用同期装置）。

注：操作前，现场需核实已投入 500kV #1M 母相应保护装置，已投入除 5041 开关外所有 500kV #1M 母侧开关的相应保护装置，已拉开 500kV #1M 母和除 5041 开关外所有 500kV #1M 母侧开关的相关接地刀闸，安全措施已拆除。

C.4.1.2　国调调度指令：××站 500kV #2M 母由运行转冷备用。

现场操作步骤：

（1）××站 500kV #2M 母侧所有运行状态开关转热备用。

（2）××站 500kV #2M 母侧所有热备用状态开关转冷备用。

注：（1）国调调度指令由国调调度员下令现场值班员操作。

（2）操作后，现场根据国调停电工作票或紧急抢修申请单的批复内容合上 500kV #2M 母及相关开关的接地刀闸，退出 500kV #2M 母及相关开关的保护装置。

C.4.1.3　国调调度指令：××站 500kV #61M 交流滤波器母线由冷备用转运行，5042 开关保持冷备用及以下状态。

现场操作步骤：

（1）核××站 500kV #61M 交流滤波器母线和 5041 开关所有安全措施已拆除。

（2）××站 5041 开关由冷备用转热备用。

（3）××站 5041 开关由热备用转运行。

注：操作前，现场需核实已投入 500kV #61M 交流滤波器母线相应保护装置，已投入 5041 开关相应保护装置，已拉开 500kV #61M 交流滤波器母线和 5041 开关的相关接地刀闸，安全措施已拆除。

C.4.1.4 国调调度指令：××站 500kV #61M 交流滤波器母线由运行转冷备用。

现场操作步骤：

（1）核××站 500kV #61M 交流滤波器母线所带小组交流滤波器处于冷备用及以下状态。

（2）××站 5041、5042 开关由运行转热备用。

（3）××站 5041、5042 开关由热备用转冷备用。

注：操作后，现场根据国调停电工作票或紧急抢修申请单的批复内容合上 500kV #61M 交流滤波器母线及 5041、5042 开关的接地刀闸，退出 5041、5042 开关相应保护装置，退出 500kV #61M 交流滤波器母线相应保护装置。

C.4.2 无人值守变电站示例

C.4.2.1 操作任务：××站 500kV #1M 母由冷备用转运行，5041 开关保持冷备用及以下状态，5813 开关热备用。

国调调度指令：

（1）××站 500kV #1M 母由冷备用转热备用，5041 开关保持冷备用及以下状态。

（2）××站 500kV #1M 母由热备用转运行，5041 开关保持冷备用及以下状态，5813 开关热备用。

注：操作前，现场需核实已投入 500kV #1M 母相应保护装置，已投入除 5041 开关外所有 500kV #1M 母侧开关的相应保护装置，已拉开 500kV #1M 母和除 5041 开关外所有 500kV #1M 母侧开关的相关接地刀闸，安全措施已拆除。

C.4.2.2 操作任务：××站 500kV #2M 母由运行转冷备用。

国调调度指令：

（1）××站 500kV #2M 母由运行转热备用。

（2）××站 500kV #2M 母由热备用转冷备用。

注：操作后，现场根据国调停电工作票或紧急抢修申请单的批复内容合上 500kV #2M 母及相关开关的接地刀闸，退出 500kV #2M 母及相关开关的保护装置。

C.5　线路操作示例

C.5.1　××Ⅰ线（无线路刀闸）相关操作

C.5.1.1　国调调度指令：

（1）××站××Ⅰ线由检修转冷备用。

（2）投入××站××Ⅰ线相应保护装置。

现场操作步骤：

（1）自行投入××站 5011、5012 开关相应保护装置，拉开开关接地刀闸。

（2）拉开××站 501167 接地刀闸。

（3）投入××站××Ⅰ线相应保护装置。

C.5.1.2　国调调度指令：××站××Ⅰ线由冷备用转热备用，5012 开关冷备用。

现场操作步骤：

（1）核实已投入××站××Ⅰ线相应保护装置。

（2）××站 5012 开关保持冷备用状态。

（3）××站 5011 开关转热备用。

C.5.1.3　国调调度指令：××站××Ⅰ线由热备用转运行，5012 开关冷备用。

现场操作步骤：

（1）××站 5012 开关保持冷备用状态。

（2）××站××Ⅰ线 5011 开关转运行（操作中××站应根据实际情况按规定加用同期装置）。

C.5.1.4　国调调度指令：××站××Ⅰ线由运行转热备用。

现场操作步骤：

（1）××站×× I 线 5012 开关转热备用。

（2）××站×× I 线 5011 开关转热备用。

C.5.1.5　国调调度指令：××站×× I 线由热备用转冷备用。

现场操作步骤：

（1）××站 5011 开关转冷备用。

（2）××站 5012 开关转冷备用。

C.5.1.6　国调调度指令：

（1）××站×× I 线由冷备用转检修。

（2）退出××站×× I 线相应保护装置。

现场操作步骤：

（1）合上××站×× I 线 501167 接地刀闸。

（2）退出××站×× I 线相应保护装置。

（3）站内根据国调停电工作票或紧急抢修申请单的批复内容自行合上 5011、5012 开关接地刀闸，退出 5011、5012 开关相应保护装置。

C.5.2　×× II 线（有线路刀闸）相关操作（短引线保护状态调整由站内按照相关规定自行操作）。

C.5.2.1　国调调度指令：

（1）××站×× II 线由检修转冷备用，5021、5022 开关冷备用。

（2）投入××站×× II 线相应保护装置。

现场操作步骤：

（1）自行投入××站 5021、5022 开关相应保护装置，拉开开关接地刀闸。

（2）投入××站×× II 线相应保护装置。

（3）拉开××站 5021617 接地刀闸。

C.5.2.2　国调调度指令：××站×× II 线由冷备用转热备用。

现场操作步骤：

（1）核实已投入××站×× II 线相应保护装置，已拉开

502167 接地刀闸。

（2）合上××站××Ⅱ线 50216 线路刀闸。

（3）××站 5021、5022 开关转热备用。

C.5.2.3 国调调度指令：××站××Ⅱ线由热备用转运行，5021 开关热备用。

现场操作步骤：

（1）××站 5021 开关保持热备用状态。

（2）××站××Ⅱ线 5022 开关转运行（操作中××站应根据实际情况按规定加用同期装置）。

C.5.2.4 国调调度指令：××站××Ⅱ线由运行转热备用。

现场操作步骤：

（1）××站××Ⅱ线 5022 开关转热备用。

（2）××站××Ⅱ线 5021 开关转热备用。

C.5.2.5 国调调度指令：××站××Ⅱ线由热备用转冷备用，5021、5022 开关热备用。

现场操作步骤：

（1）××站 5021、5022 开关保持热备用。

（2）拉开××站××Ⅱ线 50216 线路刀闸。

C.5.2.6 国调调度指令：

（1）退出××站××Ⅱ线相应保护装置。

（2）××站××Ⅱ线由冷备用转检修，5021、5022 开关运行。

现场操作步骤：

（1）退出××站××Ⅱ线相应保护装置。

（2）合上××站××Ⅱ线 5021617 接地刀闸。

（3）××站 5021 开关转运行。

（4）××站 5022 开关转运行。

C.5.3 **电厂出线操作示例（适用于内桥形接线示例）**

C.5.3.1 操作任务：××Ⅰ线由运行转检修。

国调调度指令：

（1）××电厂××Ⅰ线 7511 开关由运行转热备用。

（2）××站××Ⅰ线由运行转热备用。

（3）××电厂 7511 开关由热备用转冷备用。

（4）××站××Ⅰ线由热备用转冷备用。

（5）合上××电厂 7511617 接地刀闸。

（6）××站××Ⅰ线由冷备用转检修。

注：（1）初始状态为××电厂 7511、7512、7522 开关运行，#1 升压变、#2 升压变运行。

（2）操作完成后，××电厂根据国调停电工作票或紧急抢修申请单的批复内容自行将 7511 开关转检修，退出 7511 开关相应保护装置。

（3）××Ⅰ线相应保护装置需待国调下令后方可操作退出。

C.5.3.2　操作任务：××Ⅰ线由检修转运行。

国调调度指令：

（1）核××Ⅰ线相应保护装置已投入。

（2）××站××Ⅰ线由检修转冷备用。

（3）拉开××电厂 7511617 接地刀闸。

（4）××站××Ⅰ线由冷备用转热备用。

（5）××电厂 7511 开关由冷备用转热备用。

（6）××站××Ⅰ线由热备用转运行。

（7）××电厂××Ⅰ线 7511 开关由热备用转运行。

注：（1）初始状态为××电厂 7512、7522 开关运行，#1 升压变、#2 升压变运行。

（2）操作前，××电厂需自行将 7511 开关转至冷备用状态，投入 7511 开关相应保护装置。

（3）××Ⅰ线相应保护装置需待国调下令后方可操作投入。

C.5.4　电厂出线操作示例（适用于四角形接线示例）

C.5.4.1　操作任务：××Ⅰ线由运行转检修，7502、7503 开关

冷备用。

国调调度指令：

（1）××电厂××Ⅰ线7502开关由运行转热备用。

（2）××电厂××Ⅰ线7503开关由运行转热备用。

（3）××站××Ⅰ线由运行转热备用。

（4）拉开××电厂75236刀闸。

（5）××电厂××Ⅰ线7502、7503开关由热备用转冷备用。

（6）××站××Ⅰ线由热备用转冷备用。

（7）合上××电厂7523617接地刀闸。

（8）××站××Ⅰ线由冷备用转检修。

注：（1）初始状态为××电厂7502、7503开关运行，#1、#2发变组运行，××Ⅱ线运行。

（2）操作完成后，××电厂根据国调停电工作票或紧急抢修申请单的批复内容自行将7502、7503开关转检修，合上752367接地刀闸，退出7502、7503开关相应保护装置。

（3）××Ⅰ线相应保护装置、××电厂××Ⅰ线高抗相应保护装置需待国调下令后方可操作退出。

C.5.4.2 操作任务：××Ⅰ线由运行转检修，7502、7503开关运行。

国调调度指令：

（1）××电厂××Ⅰ线7502开关由运行转热备用。

（2）××电厂××Ⅰ线7503开关由运行转热备用。

（3）××站××Ⅰ线由运行转热备用。

（4）拉开××电厂75236刀闸。

（5）××站××Ⅰ线由热备用转冷备用。

（6）退出××电厂××Ⅰ线相应保护装置。

（7）退出××站××Ⅰ线相应保护装置。

（8）退出××电厂××Ⅰ线高抗相应保护装置。

（9）××电厂××Ⅰ线7503开关由热备用转运行。

（10）××电厂×× I 线 7502 开关由热备用转运行。

（11）合上××电厂 7523617 接地刀闸。

（12）××站×× I 线由冷备用转检修。

注：（1）初始状态为××电厂 7502、7503 开关运行，#1、#2 发变组运行，×× II 线运行。

（2）操作中，××电厂 7502、7503 开关间短引线保护装置由电厂按站内规程自行操作。

（3）×× I 线相应保护装置、××电厂×× I 线高抗相应保护装置需待国调下令后方可操作退出。

C.5.4.3　操作任务：×× I 线由检修转运行。

国调调度指令：

（1）核×× I 线相应保护装置、××电厂×× I 线高抗相应保护装置已投入。

（2）××站×× I 线由检修转冷备用。

（3）拉开××电厂 7523617 接地刀闸。

（4）××站×× I 线由冷备用转热备用。

（5）合上××电厂 75236 刀闸。

（6）××电厂×× I 线 7502、7503 开关由冷备用转热备用。

（7）××站×× I 线由热备用转运行。

（8）××电厂×× I 线 7503 开关由热备用转运行。

（9）××电厂×× I 线 7502 开关由热备用转运行。

注：（1）初始状态为××电厂 7502、7503 开关停运，#1、#2 发变组运行，×× II 线运行。

（2）操作前，××电厂需核实 7502、7503 开关相关接地刀闸已拉开，752367 接地刀闸已拉开，7502、7503 开关相应保护装置已投入。

C.5.4.4　操作任务：×× I 线由检修转运行。

国调调度指令：

（1）××电厂×× I 线 7502 开关由运行转热备用。

（2）××电厂××Ⅰ线 7503 开关由运行转热备用。

（3）××站××Ⅰ线由检修转冷备用。

（4）拉开××电厂 7523617 接地刀闸。

（5）投入××电厂××Ⅰ线相应保护装置。

（6）投入××站××Ⅰ线相应保护装置。

（7）投入××电厂××Ⅰ线高抗相应保护装置。

（8）××站××Ⅰ线由冷备用转热备用。

（9）合上××电厂 75236 刀闸。

（10）××站××Ⅰ线由热备用转运行。

（11）××电厂××Ⅰ线 7503 开关由热备用转运行。

（12）××电厂××Ⅰ线 7502 开关由热备用转运行。

注：（1）初始状态为××电厂 7502、7503 运行，#1、#2 发变组运行，××Ⅱ线运行。

（2）操作中，××电厂 7502、7503 开关间短引线保护装置由电厂按站内规程自行操作。

C.6 发变组操作示例

C.6.1 ××电厂#1 发变组（无出线刀闸、无机组出口开关）相关操作

C.6.1.1 国调调度指令：××电厂#1 发变组由冷备用转运行。

现场操作步骤：

（1）核××电厂#1 发变组所有安全措施已拆除。

（2）××电厂 5012、5013 开关转热备用。

（3）××电厂#1 发变组经 5013 开关同期并网。

（4）××电厂#1 发变组 5012 开关转运行。

注：操作前，电厂需核实#1 发变组及 5012、5013 开关相关接地刀闸已拉开，安全措施已拆除，相应保护装置已投入，PSS 等涉网装置已投入，具备恢复运行条件。

C.6.1.2 国调调度指令：××电厂#1 发变组由运行转冷备用。

现场操作步骤：

（1）××电厂#1 发变组 5012 开关转热备用。

（2）××电厂#1 发变组经 5013 开关解列。

（3）××电厂 5012、5013 开关转冷备用。

注：操作后，电厂根据国调停电工作票或紧急抢修申请单的批复内容合上#1 发变组及 5012、5013 开关相关接地刀闸，退出相应保护装置、PSS 等涉网装置。

C.6.2 ××电厂#2 发变组（有出线刀闸、无机组出口开关）相关操作（短引线保护状态调整由站内按照相关规定自行操作）

C.6.2.1 国调调度指令：××电厂#2 发变组由运行转冷备用，5022、5023 开关冷备用。

现场操作步骤：

（1）××电厂#2 发变组 5022 开关转热备用。

（2）××电厂#2 发变组经 5023 开关解列。

（3）××电厂 5022、5023 开关转冷备用。

（4）拉开××电厂#2 发变组 50236 刀闸。

注：（1）操作中，5022、5023 开关间短引线保护装置状态调整由电厂按规定自行操作。

（2）操作后，电厂根据国调停电工作票或紧急抢修申请单的批复内容合上#2 发变组、5022、5023 开关、相关短引线接地刀闸，退出相应保护装置、PSS 等涉网装置。

C.6.2.2 国调调度指令：××电厂#2 发变组由运行转冷备用，5022、5023 开关运行。

现场操作步骤：

（1）××电厂#2 发变组 5022 开关转热备用。

（2）××电厂#2 发变组经 5023 开关解列。

（3）拉开××电厂#2 发变组 50236 刀闸。

（4）××电厂 5023 开关转运行。

（5）××电厂 5022 开关转运行。

注：（1）操作中，5022、5023 开关间短引线保护装置状态调整由电厂按规定自行操作。

（2）操作后，电厂根据国调停电工作票或紧急抢修申请单的批复内容合上#2 发变组相关接地刀闸，退出相应保护装置、PSS 等涉网装置。

C.6.2.3 国调调度指令：××电厂#2 发变组由冷备用转运行。

现场操作步骤：

（1）××电厂 5022 开关由运行转热备用。

（2）××电厂 5023 开关由运行转热备用。

（3）合上××电厂#2 发变组 50236 刀闸。

（4）××电厂#2 发变组经 5023 开关同期并网。

（5）××电厂#2 发变组 5022 开关转运行。

注：（1）操作前，电厂需核实#2 发变组、5022、5023 开关、相关短引线接地刀闸已拉开，安全措施已拆除，相应保护装置已投入，PSS 等涉网装置已投入，具备恢复运行条件。

（2）操作中，5022、5023 开关间短引线保护装置状态调整由电厂按规定自行操作。

C.6.3 ××电厂#3 升压变（有出线刀闸、有机组出口开关）相关操作（短引线保护状态调整由站内按照相关规定自行操作）

C.6.3.1 国调调度指令：××电厂#3 升压变 500kV 侧由运行转冷备用，5052、5053 开关运行。

现场操作步骤：

（1）××电厂 5052 开关由运行转热备用。

（2）××电厂 5053 开关由运行转热备用。

（3）拉开××电厂 50536 刀闸。

（4）××电厂 5053 开关由热备用转运行。

（5）××电厂 5052 开关由热备用转运行。

注：（1）操作中，5052、5053 开关间短引线保护装置状态调整由电厂按规定自行操作。

（2）操作后，电厂根据检修工作需要合上#3升压变相关接地刀闸，退出相应保护装置。

C.6.3.2 国调调度指令：××电厂#3升压变500kV侧由冷备用转运行，5052开关保持冷备用及以下状态。

现场操作步骤：

（1）××电厂5053开关由冷备用转热备用。

（2）合上××电厂50536刀闸。

（3）××电厂5053开关由热备用转运行。

注：操作前，电厂需核实#3升压变、5053开关、相关短引线接地刀闸已拉开，安全措施已拆除，相应保护装置已投入，具备恢复运行条件。

C.6.4 发变组操作示例（适用于四角形接线示例）

C.6.4.1 国调调度指令：××电厂#1发变组由运行转冷备用，7501、7502开关冷备用。

现场操作步骤：

（1）××电厂7502开关由运行转热备用。

（2）××电厂7501开关由运行转热备用。

（3）拉开××电厂75126刀闸。

（4）××电厂7501、7502开关由热备用转冷备用。

注：（1）初始状态为××电厂7501、7502开关运行，#1发变组运行。

（2）操作完成后，××电厂根据国调停电工作票或紧急抢修申请单的批复内容自行将7501、7502开关转检修，合上751267接地刀闸，合上#1发变组相关接地刀闸，退出7501、7502开关相应保护装置。

C.6.4.2 国调调度指令：××电厂#1发变组由运行转冷备用，7501、7502开关运行。

现场操作步骤：

（1）××电厂7502开关由运行转热备用。

（2）××电厂7501开关由运行转热备用。

（3）拉开××电厂75126刀闸。

（4）××电厂7501开关由热备用转运行。

（5）××电厂7502开关由热备用转运行。

注：（1）初始状态为××电厂7501、7502开关运行，#1发变组运行。

（2）操作中，××电厂7501、7502开关间短引线保护装置由电厂按站内规程自行操作。

（3）操作完成后，××电厂根据国调停电工作票或紧急抢修申请单的批复内容自行合上#1发变组相关接地刀闸。

C.6.4.3 国调调度指令：××电厂#1发变组由冷备用转运行。

现场操作步骤：

（1）××电厂7502开关由运行转热备用。

（2）××电厂7501开关由运行转热备用。

（3）合上××电厂75126刀闸。

（4）××电厂7501开关由热备用转运行。

（5）××电厂7502开关由热备用转运行。

注：（1）初始状态为××电厂7501、7502开关运行，#1发变组停运。

（2）操作前，××电厂需核实#1发变组相关接地刀闸已拉开，安全措施已拆除，发变组保护装置已投入，PSS等涉网装置已投入，具备恢复运行条件。

（3）操作中，××电厂7501、7502开关间短引线保护装置由电厂按站内规程自行操作。

C.6.4.4 国调调度指令：××电厂#1发变组由冷备用转运行。

现场操作步骤：

（1）××电厂7501开关由冷备用转热备用。

（2）××电厂7502开关由冷备用转热备用。

（3）合上××电厂75126刀闸。

（4）××电厂7501开关由热备用转运行。

（5）××电厂7502开关由热备用转运行。

注：（1）初始状态为××电厂7501、7502开关冷备用，#1发变组

停运。

（2）操作前，××电厂需核实#1 发变组相关接地刀闸已拉开，安全措施已拆除，发变组保护装置已投入，PSS 等涉网装置已投入，具备恢复运行条件。

C.7　主变操作示例

C.7.1　××站#1 主变（无出线刀闸）相关操作

C.7.1.1　国调调度指令：××站#1 主变 500kV 侧由冷备用转热备用，5032 开关冷备用。

现场操作步骤：

（1）××站 5032 开关保持冷备用。

（2）××站 5033 开关转热备用。

注：操作前，现场需核实××站#1 主变三侧接地刀闸及 5033、3501 开关相关接地刀闸已拉开，安全措施已拆除，#1 主变及 5033、3501 开关相应保护装置已投入，具备恢复运行条件。

C.7.1.2　国调调度指令：××站#1 主变 35kV 侧由冷备用转热备用。

现场操作步骤：

（1）合上××站 35016 刀闸。

（2）××站 3501 开关转热备用。

注：操作前，现场需核实××站#1 主变三侧接地刀闸及 5033、3501 开关相关接地刀闸已拉开，安全措施已拆除，#1 主变及 5033、3501 开关相应保护装置已投入，具备恢复运行条件。

C.7.1.3　国调调度指令：××站#1 主变 500kV 侧由热备用转运行，5032 开关冷备用。

现场操作步骤：

（1）××站 5032 开关保持冷备用。

（2）××站#1 主变 5033 开关转运行。

C.7.1.4　国调调度指令：××站#1 主变 35kV 侧由热备用转

运行。

现场操作步骤：

（1）××站 3501 开关转运行。

C.7.1.5 国调调度指令：××站#1 主变 35kV 侧由运行转热备用。

现场操作步骤：

（1）××站 3501 开关转热备用。

C.7.1.6 国调调度指令：××站#1 主变 500kV 侧由运行转热备用。

现场操作步骤：

（1）××站#1 主变 5032 开关转热备用。

（2）××站#1 主变 5033 开关转热备用。

C.7.1.7 国调调度指令：××站#1 主变 35kV 侧由热备用转冷备用。

现场操作步骤：

（1）××站 3501 开关转冷备用。

（2）拉开××站 35016 刀闸。

C.7.1.8 国调调度指令：××站#1 主变 500kV 侧由热备用转冷备用。

现场操作步骤：

（1）××站 5032 开关转冷备用。

（2）××站 5033 开关转冷备用。

注：操作后，××站核实#1 主变三侧均已转至冷备用状态并根据国调停电工作票或紧急抢修申请单的批复内容合上#1 主变三侧接地刀闸及 5032、5033、3501 开关相关接地刀闸，退出#1 主变及 5032、5033、3501 开关相应保护装置。

C.7.2 ××站#2 主变（有出线刀闸）相关操作（短引线保护状态调整由站内按照相关规定自行操作）

C.7.2.1 国调调度指令：××站#2 主变 500kV 侧由冷备用转热

备用。

现场操作步骤：

（1）××站 5042、5043 开关转热备用。

（2）合上××站 50436 刀闸。

注：操作前，现场需核实××站#2 主变三侧接地刀闸及 5042、5043、3502 开关相关接地刀闸、短引线接地刀闸已拉开，安全措施已拆除，#2 主变及 5042、5043、3502 开关相应保护装置已投入，具备恢复运行条件。

C.7.2.2 国调调度指令：××站#2 主变 35kV 侧由冷备用转热备用。

现场操作步骤：

（1）合上××站 35kV 侧 35026 刀闸。

（2）××站 3502 开关转热备用。

注：操作前，现场需核实××站#2 主变三侧接地刀闸及 5042、5043、3502 开关相关接地刀闸已拉开，安全措施已拆除，#2 主变及 5042、5043、3502 开关相应保护装置已投入，具备恢复运行条件。

C.7.2.3 国调调度指令：××站#2 主变 500kV 侧由热备用转运行。

现场操作步骤：

（1）××站#2 主变 5043 开关转运行。

（2）××站#2 主变 5042 开关转运行。

C.7.2.4 国调调度指令：××站#2 主变 35kV 侧由热备用转运行。

现场操作步骤：

（1）××站 3502 开关转运行。

C.7.2.5 国调调度指令：××站#2 主变 35kV 侧由运行转热备用。

现场操作步骤：

（1）××站 3502 开关转热备用。

C.7.2.6 国调调度指令：××站#2 主变 500kV 侧由运行转热备用。

现场操作步骤：

（1）××站#2 主变 5042 开关转热备用。

（2）××站#2 主变 5043 开关转热备用。

C.7.2.7 国调调度指令：××站#2 主变 35kV 侧由热备用转冷备用。

现场操作步骤：

（1）××站 3502 开关转冷备用。

（2）拉开××站 35kV 侧 35026 刀闸。

C.7.2.8 国调调度指令：××站#2 主变 500kV 侧由热备用转冷备用，5042、5043 开关运行。

现场操作步骤：

（1）拉开××站 50436 刀闸。

（2）××站 5043 开关转运行。

（3）××站 5042 开关转运行。

注：（1）5042、5043 开关间短引线保护由××站按照现场规程自行投入。

（2）操作后，××站核实#2 主变三侧均已转至冷备用状态并根据国调停电工作票或紧急抢修申请单的批复内容合上#2 主变三侧接地刀闸及 3502 开关接地刀闸，退出#2 主变及 3502 开关相应保护装置。

C.7.3 特高压主变特殊说明

C.7.3.1 国调调度指令：投入（退出）××站××主变相应保护装置。

现场操作步骤：

（1）查变压器抽头挡位与调压补偿变保护定值区一致。

（2）投入（退出）该变压器全部电气量保护。

（3）变压器非电气量保护及其他辅助设备按现场规程执行。

C.7.3.2　国调调度指令：××站××主变分接头调整为1050/5××/110kV 挡位。

现场操作步骤：

（1）退出变压器调压补偿变保护 1、2。

（2）修改变压器调压补偿变保护至相应挡位下定值。

（3）调整变压器分接头至相应挡位。

（4）投入变压器调压补偿变保护 1、2。

C.7.4　升压变操作示例（适用于内桥形接线示例）

C.7.4.1　国调调度指令：××电厂#1 升压变 750kV 侧由运行转冷备用，7511、7512 开关运行。

现场操作步骤：

（1）××电厂 7512 开关由运行转热备用。

（2）××电厂 7511 开关由运行转热备用。

（3）拉开××电厂 75016 刀闸。

（4）××电厂 7511 开关由热备用转运行。

（5）××电厂 7512 开关由热备用转运行。

注：（1）初始状态为××电厂#1 升压变经 7511、7512 开关充电运行，#1 发电机冷备用。

（2）操作中，××电厂 7511、7512 开关间短引线保护状态由电厂按站内规程自行操作。

（3）操作完成后，电厂根据国调停电工作票或紧急抢修申请单的批复内容自行合上#1 升压变相关接地刀闸。

C.7.4.2　国调调度指令：××电厂#1 升压变 750kV 侧由冷备用转运行。

现场操作步骤：

（1）××电厂 7512 开关由运行转热备用。

（2）××电厂 7511 开关由运行转热备用。

（3）合上××电厂 75016 刀闸。

（4）××电厂 7511 开关由热备用转运行。

（5）××电厂 7512 开关由热备用转运行。

注：（1）初始状态为××电厂 7511、7512 开关运行，#1 发变组停运。

（2）操作前，××电厂需核实#1 升压变已转至冷备用状态，安全措施已拆除，升压变保护装置已投入。

（3）操作中，××电厂 7511、7512 开关间短引线保护状态由电厂按站内规程自行操作。

C.8 线路高抗操作示例

C.8.1 国调调度指令：××站××Ⅱ线高抗由检修转运行。

现场操作步骤：

（1）核实已投入××站××Ⅱ线高抗相应保护装置。

（2）××站××Ⅱ线高抗由检修转冷备用。

（3）××站××Ⅱ线高抗由冷备用转运行。

C.8.2 国调调度指令：××站××Ⅱ线高抗由运行转检修。

现场操作步骤：

（1）××站××Ⅱ线高抗由运行转冷备用。

（2）××站××Ⅱ线高抗由冷备用转检修。

C.9 线路串补操作示例

C.9.1 国调调度指令：××站××Ⅲ线串补由检修转运行。

现场操作步骤：

（1）核实××站已按照站内规程要求投入串补相关保护装置。

（2）××站××Ⅲ线串补由检修转冷备用。

（3）××站××Ⅲ线串补由冷备用转热备用。

（4）××站××Ⅲ线串补由热备用转运行。

C.9.2 国调调度指令：××站××Ⅲ线串补由运行转检修。

现场操作步骤：

（1）××站××Ⅲ线串补由运行转热备用。

（2）××站××Ⅲ线串补由热备用转冷备用。

（3）××站××Ⅲ线串补由冷备用转检修。

（4）××站按照站内规程要求退出串补相关保护装置。

附录 D 特高压长南荆系统电压控制要求

D.1 1000kV 变压器、线路停、充电前电压控制要求

操作内容	对应变电站	操作前 500kV 母线电压要求
1000kV 变压器停、充电	长治站、南阳站、荆门站	≤538kV
1000kV 线路停电	长治站	≤521kV
	南阳站、荆门站	≤538kV
1000kV 线路充电	长治站	≤519kV
	南阳站、荆门站	≤538kV

D.2 长南Ⅰ线解并列、南荆Ⅰ线解合环电压控制要求

操作内容	对应变电站	操作前 500kV 母线电压要求
长南Ⅰ线南阳侧并列	长治站	510～521kV
	南阳站	525～539kV
长南Ⅰ线南阳侧解列	长治站	≤520kV
长南Ⅰ线长治侧并列	长治站	510～519kV
	南阳站	525～539kV
长南Ⅰ线长治侧解列	南阳站	≤539kV
南荆Ⅰ线合环	南阳站、荆门站	525～540kV
南荆Ⅰ线解环	南阳站、荆门站	≤538kV

附录 E 典型操作流程

E.1 线路配合操作流程

E.1.1 一侧为国调直调厂站，另一侧为分中心、省调直调变电站的线路配合送电

（1）相关分中心、省调向国调申请进行相应线路的送电操作。

（2）相关分中心、省调汇报国调：相应线路已操作至冷备用状态，线路保护、重合闸等按规定投入，线路具备送电条件。

（3）国调下令直调厂站侧线路转为热备用。直调厂站在操作前负责核实该线路本侧开关重合闸已按规定投入。

（4）国调通知相关分中心、省调：相应线路国调直调厂站侧已转为热备用，许可相关分中心、省调从另一侧对线路送电。送电正常后，相关分中心、省调汇报国调。

（5）国调下令直调厂站：相应线路直调厂站侧合环运行。

（6）国调通知相关分中心、省调相应线路已转为运行。

E.1.2 一侧为国调直调厂站，另一侧为分中心、省调直调变电站的线路配合停电

（1）相关分中心、省调向国调申请进行相应线路的停电操作。

（2）国调下令直调厂站：相应线路直调厂站侧开关解环转热备用。

（3）国调通知相关分中心、省调：相应线路国调直调厂站侧已转热备用，许可将相应线路由另一侧停电。停电正常后，相关分中心、省调汇报国调。

（4）国调下令直调厂站：相应线路直调厂站侧转至冷备用。

（5）国调通知相关分中心、省调：相应线路国调直调厂站侧已转为冷备用。

（6）相关分中心、省调继续进行线路停运的其他操作。

E.1.3 一侧为国调直调换流站，另一侧为分中心、省调直调电厂的线路以及330kV川蒋Ⅰ、Ⅱ、Ⅲ线配合送电

（1）相关分中心向国调申请进行相应线路的送电操作。

（2）相关分中心汇报国调：相应线路已操作至冷备用状态，线路保护、重合闸等按规定投入，线路具备送电条件。

（3）国调通知相关分中心：将相应线路另一侧转为热备用。操作完毕后，相关分中心汇报国调。

（4）国调下令直调厂站：由直调厂站侧对相应线路送电。直调厂站在操作前负责核实该线路本侧开关重合闸已按规定投入。

（5）国调通知相关分中心：相应线路另一侧合环运行。线路合环正常后，相关分中心汇报国调。

E.1.4 一侧为国调直调换流站，另一侧为分中心、省调直调电厂的线路以及330kV川蒋Ⅰ、Ⅱ、Ⅲ线配合停电

（1）相关分中心向国调申请进行相应线路的停电操作。

（2）国调通知相关分中心：相应线路另一侧解环转至热备用。线路解环正常后，相关分中心汇报国调。

（3）国调下令直调厂站：相应线路直调厂站侧转至冷备用。

（4）国调通知相关分中心：相应线路国调直调厂站侧已转为冷备用。

（5）相关分中心继续进行线路停运的其他操作。

E.1.5 非国调直调且与线路相连的串内中开关为国调直调、边开关非国调直调的线路配合送电

（1）相关单位向国调申请进行相应线路的送电操作。

（2）国调许可或通知相关单位将相应线路送电。

（3）若该线路为国调许可线路，送电正常后，相关单位汇报国调线路已送电。

（4）待线路合环正常后，国调下令相应线路对应的国调直调开关转运行（或其他状态）。

E.1.6　非国调直调且与线路相连的串内中开关为国调直调、边开关非国调直调的线路配合停电

（1）相关单位向国调申请进行相应线路的停电操作。

（2）国调下令相应线路对应的国调直调中开关转冷备用。

（3）国调许可或通知相关单位将相应线路停电。

（4）若该线路为国调许可线路，停电正常后，相关单位汇报国调线路已停电。

E.1.7　500kV 鹅博甲、乙线送电

（1）南方总调向国调申请进行相应线路的送电操作。

（2）国调下令鹅城站相应线路鹅城侧转至冷备用，鹅城侧线路保护、重合闸等按规定投入。

（3）南方总调通知国调：相应线路博罗侧已操作至冷备用状态，博罗侧线路保护、重合闸等按规定投入。

（4）国调下令鹅城站侧线路转为热备用。

（5）国调通知南方总调：相应线路鹅城站侧已转为热备用，许可南方总调从博罗侧对线路送电。送电正常后，南方总调通知国调。

（6）国调下令鹅城站：相应线路鹅城站侧合环运行。

（7）国调通知南方总调相应线路已转为运行。

E.1.8　500kV 鹅博甲、乙线停电

（1）南方总调向国调申请进行相应线路的停电操作。

（2）国调下令鹅城站：相应线路鹅城站侧解环转热备用。

（3）国调通知南方总调：相应线路鹅城站侧已转热备用，许可将相应线路由博罗侧停电。

（4）相应线路已停电后，国调下令鹅城站将该线路鹅城站

侧转至冷备用。

（5）国调通知南方总调：相应线路鹅城站侧已转为冷备用。

（6）国调根据实际情况继续进行鹅城侧相应线路及其交流开关停运的其他操作。

E.2　主变配合操作流程

E.2.1　龙泉站主变送电

（1）通知华中分中心龙泉站××主变准备送电。

（2）龙泉站××主变由检修转冷备用，并核实相关保护已投入。

（3）龙泉站××主变500kV侧转热备用。

（4）龙泉站××主变35kV侧转热备用。

（5）龙泉站××主变500kV侧转运行。

（6）龙泉站××主变35kV侧转运行。

（7）许可龙泉站××主变35kV侧低容、低抗进行方式调整。

（8）许可华中分中心将主变220kV侧转为热备用；华中分中心许可湖北省调将主变220kV侧转为热备用。

（9）许可华中分中心将主变220kV侧转为运行；华中分中心许可湖北省调将主变220kV侧转为运行。

（10）主变转运行后，通知华中分中心。

E.2.2　龙泉站主变停电

（1）通知华中分中心龙泉站××主变准备停电，湖北省调转移主变220kV侧负荷。

（2）许可华中分中心将主变220kV侧转为冷备用；华中分中心许可湖北省调将主变220kV侧转为冷备用。

（3）许可龙泉站××主变35kV侧低容、低抗进行方式调整。

（4）龙泉站××主变35kV侧转为热备用。

（5）龙泉站××主变 500kV 侧转为热备用。

（6）龙泉站××主变 35kV 侧转为冷备用。

（7）龙泉站××主变 500kV 侧转为冷备用。

（8）主变停运后，国调通知华中分中心。

（9）根据实际情况，继续将主变转为相应状态。

E.2.3　胶东站 500kV #3 主变送电

（1）山东省调汇报国调：胶东站#3 主变具备送电条件，申请对主变送电。

（2）国调通知山东省调将胶东站#3 主变各侧转为冷备用，相应保护正常投入。

（3）国调通知山东省调将胶东站#3 主变 220kV 侧、35kV 侧开关转为热备用。

（4）国调下令将胶东站#3 主变 500kV 侧开关按冷备用—热备用—运行顺序操作至运行状态。

（5）国调通知山东省调将胶东站#3 主变 220kV 侧、35kV 侧开关转为运行。

E.2.4　胶东站 500kV #3 主变停电

（1）山东省调汇报国调：胶东站#3 主变具备停运条件，申请操作。

（2）国调通知山东省调将胶东站#3 主变 220kV 侧、35kV 侧开关转为热备用。

（3）国调下令将胶东站#3 主变 500kV 侧开关按运行—热备用—冷备用顺序操作至冷备用状态。

（4）根据实际情况，国调通知山东省调继续进行主变停运的其他操作。

E.2.5　天山站 750kV #1（2）主变送电

（1）西北分中心汇报国调：天山站 750kV #1（2）主变具备送电条件，申请对主变送电。

（2）国调许可西北分中心将天山站 750kV #1（2）主变各侧

转为冷备用，相应保护正常投入。

（3）国调许可西北分中心将天山站 750kV #1（2）主变 750kV 侧、66kV 侧开关转为运行。

（4）国调下令将天山站 750kV #1（2）主变 500kV 侧开关按冷备用—热备用—运行顺序操作至运行状态。

E.2.6　天山站 750kV #1（2）主变停电

（1）西北分中心汇报国调：天山站 750kV #1（2）主变具备停运条件，申请操作。

（2）国调下令将天山站 750kV #1（2）主变 500kV 侧开关按运行—热备用—冷备用顺序操作至冷备用状态。

（3）根据实际情况，国调许可西北分中心继续进行主变停运的其他操作。

E.2.7　灵州站 750kV #2 主变送电

（1）西北分中心汇报国调：灵州站 750kV #2 主变具备送电条件，申请对主变送电。

（2）国调通知西北分中心将灵州站 750kV #2 主变各侧转为冷备用，相应保护正常投入。

（3）国调通知西北分中心将灵州站 750kV #2 主变 330kV 侧、66kV 侧开关转为运行。

（4）国调下令将灵州站 750kV #2 主变 750kV 侧开关按冷备用—热备用—运行顺序操作至运行状态。

E.2.8　灵州站 750kV #2 主变停电

（1）西北分中心汇报国调：灵州站 750kV #2 主变具备停运条件，申请操作。

（2）国调下令将灵州站 750kV #2 主变 750kV 侧开关按运行—热备用—冷备用顺序操作至冷备用状态。

（3）根据实际情况，国调通知西北分中心继续进行主变停运的其他操作。

E.2.9　锦屏站、宜宾站、中州站、韶山站、雁门关站、锡盟换流站、扎鲁特站、广固站 511B（512B）、祁连站 711B（712B）变压器送电操作原则（以锦屏站为例）

（1）国调下令××站 511B（512B）变压器 35kV 侧母线由冷备用转运行，相应控制、保护已按规定投入，核实变压器具备送电条件。

（2）国调下令××站 511B（512B）变压器 500kV 侧转为热备用。

（3）国调许可××站 511B（512B）变压器 35kV 侧低压无功补偿装置转为热备用（若需配合站内 35kV 站用变操作，国调下令合上 3101 或者 3201 刀闸）。

（4）国调下令××站 511B（512B）变压器 500kV 侧由热备用转运行，对变压器充电。

E.2.10　锦屏站、宜宾站、中州站、韶山站、雁门关站、锡盟换流站、扎鲁特站、广固站 511B（512B）、祁连站 711B（712B）变压器停电操作原则（以锦屏站为例）

（1）××站向国调汇报已转移 511B（512B）变压器所带负荷。

（2）国调许可××站 511B（512B）变压器 35kV 侧低压无功补偿装置以及 35kV 站用变转为热备用。

（3）国调下令××站 511B（512B）变压器 500kV 侧由运行转热备用。

（4）根据现场运行要求，若需配合××站 35kV 站用变操作，国调下令拉开 3101（3201 刀闸）。

E.3　站用变配合操作流程

E.3.1　一般站用变［除复龙站、奉贤站、金华站、苏州站、绍兴站、淮安站 511B（512B），泰州站 521B，高岭站 51B 站用变］送电

（1）××站向国调申请进行站用变的送电操作，国调许可。

（2）××站汇报国调：站用变低压侧（灵宝站用变中、低压侧）已操作至冷备用状态，相应控制、保护等按规定投入，站用变具备送电条件。

（3）国调许可××站：站用变低压侧（灵宝站用变中、低压侧）转热备用。

（4）国调按照调度关系下令或许可××站：由 500kV 侧对站用变送电（灵宝站由 330kV 侧对站用变送电）。

（5）国调许可××站：站用变低压侧（灵宝站用变中、低压侧）转运行。

E.3.2 一般站用变［除复龙站、奉贤站、金华站、苏州站、绍兴站、淮安站 511B（512B），泰州站 521B，高岭站 51B 站用变］停电

（1）国调通知××站转移站用变低压侧负荷（并许可灵宝站调整中压侧低抗状态）。

（2）国调许可站将站用变低压侧（灵宝站用变中、低压侧）转为热备用。

（3）国调按照调度关系下令或许可××站：站用变由 500kV 侧停电（灵宝站由 330kV 侧对站用变停电）。

（4）国调根据运行要求，进一步按照调度关系下令或许可将××站站用变转相应状态。

E.3.3 复龙站、奉贤站、金华站、苏州站、绍兴站、淮安站 511B（512B）、泰州站 521B 送电

（1）××站向国调申请进行 511B（512B）站用变的送电操作，国调许可。

（2）××站汇报国调：511B（512B）站用变 10kV 侧已经转为冷备用状态，相应控制、保护已按规定投入，站用变具备送电条件。

（3）国调许可××站 511B（512B）站用变 500kV 侧转为冷备用，500kV 开关转冷备用。

（4）国调下令××站合上 511B（512B）站用变 500kV 侧刀闸，许可 500kV 开关转运行，对站用变充电（复龙站、奉贤站站用变 500kV 侧开关合上后，10kV 侧开关自动合上）。

（5）××站检查站用变送电正常后汇报国调。

E.3.4　复龙站、奉贤站、金华站、苏州站、绍兴站、淮安站 511B（512B）、泰州站 521B 停电

（1）××站向国调汇报已转移 511B（512B）站用变所带负荷，申请站用变停电。

（2）国调许可××站 500kV 开关转热备用（复龙站、奉贤站站用变 500kV 侧开关打开后，10kV 侧开关自动打开）。

（3）根据现场运行要求，国调下令拉开 511B（512B）站用变 500kV 侧刀闸，许可××站 511B（512B）站用变后续相关操作。

（4）站用变操作完成后，××站汇报国调。

E.4　特高压长南荆系统操作流程

E.4.1　送电典型流程

（1）长治站、南阳站、荆门站先将 1000kV 主变由 500kV 侧充电，1000kV 母线转运行。

（2）南荆 I 线由荆门站充电，南阳站合环运行。最后，长南 I 线由长治站充电，在南阳站将华北、华中电网并列运行。

E.4.1.1　长治站、南阳站、荆门站 1000kV 主变送电，1000kV 母线转运行（以荆门站 1000kV #1 主变为例）

（1）核：长治站、南阳站、荆门站稳态过电压控制装置（现场负责投入稳态过电压控制装置"投联跳功能"压板）已投入，长治站安控装置已投入。

（2）核：长治站 1000kV 主变分接头应置于 1050/525/110kV

挡位。南阳站、荆门站 1000kV 主变分接头应置于 1050/538/110kV 挡位。

（3）荆门站#1 主变由冷备用转热备用（按 1000kV 侧、110kV 侧、500kV 侧的顺序操作）。

（4）查：荆门站 500kV 母线电压不超过 538kV。

（5）荆门站#1 主变由 500kV 侧充电。

（6）合上荆门站 T011、T012 开关，#1 主变 1000kV 侧转运行，1000kV 母线带电。

（7）荆门站#1 主变 110kV 侧转运行，110kV #1M、#2M 运行。

（8）合上荆门站 11211 刀闸。

（9）通知荆门站 111B 站用变转运行。

E.4.1.2　南荆Ⅰ线转运行

（1）核：南荆Ⅰ线振荡解列装置及失步快速解列装置（失步快速解列装置在执行串补全投定值）已投入，南荆Ⅰ线线路保护（线路保护装置在执行串补投运方式定值）已投入，南阳站南荆Ⅰ线安控系统已投相应方式。

（2）南阳站南荆Ⅰ线串补由冷备用转特殊热备用。

（3）南阳站、荆门站南荆Ⅰ线高抗转运行，南荆Ⅰ线由冷备用转热备用。

（4）通知华中分中心：南荆Ⅰ线准备从荆门侧充电。

（5）查：荆门站 500kV 母线电压不超过 538kV。

（6）荆门站 T021、T022 开关依次转运行，南荆Ⅰ线由荆门侧充电。

（7）通知华中分中心：南荆Ⅰ线准备从南阳侧合环。

（8）查：南阳站、荆门站 500kV 母线电压在 525～540kV。

（9）南阳站 T023、T022 开关依次转运行，南荆Ⅰ线由南阳侧合环。

（10）南阳站南荆Ⅰ线串补由特殊热备用转热备用。

（11）南阳站南荆Ⅰ线串补由热备用转运行。

E.4.1.3　长南Ⅰ线转运行

（1）核：长南Ⅰ线振荡解列装置及失步快速解列装置（失步快速解列装置投串补全投定值）已投入，长南Ⅰ线线路保护（线路保护装置在执行串补投运方式定值）已投入。

（2）长治站、南阳站长南Ⅰ线串补由冷备用转特殊热备用。

（3）长治站、南阳站长南Ⅰ线高抗转运行，长南Ⅰ线由冷备用转热备用。

（4）通知华北分中心：长南Ⅰ线准备从长治侧充电。

（5）查：长治站 500kV 母线电压不超过 519kV。

（6）长治站 T011、T012 开关依次转运行，长南Ⅰ线由长治侧充电。

（7）通知华北分中心、华中分中心：长南Ⅰ线准备从南阳侧并列。

（8）查：长治站 500kV 母线电压在 510～521kV。

（9）查：南阳站 500kV 母线电压在 525～539kV。

（10）南阳站 T031、T032 开关依次转运行，长南Ⅰ线由南阳侧并列。

（11）长治站、南阳站长南Ⅰ线串补由特殊热备用转热备用。

（12）长治站长南Ⅰ线串补由热备用转运行。

（13）南阳站长南Ⅰ线串补由热备用转运行。

E.4.2　停电典型流程

（1）长南Ⅰ线由南阳站解列，长治站停电。

（2）南荆Ⅰ线由南阳站解环，荆门站停电。

（3）长治、南阳、荆门站 1000kV 主变停电。

E.4.2.1　长南Ⅰ线停电

（1）通知华北分中心、华中分中心：长南Ⅰ线功率按零控制。

（2）南阳站长南Ⅰ线串补由运行转特殊热备用。

（3）长治站长南Ⅰ线串补由运行转特殊热备用。

（4）通知华北分中心、华中分中心：长南Ⅰ线准备从南阳侧解列。

（5）查：长治站500kV母线电压不超过520kV。

（6）南阳站T031、T032开关转热备用，长南Ⅰ线从南阳站解列。

（7）查：长治站500kV母线电压不超过521kV。

（8）长治站T012、T011开关依次转热备用，长南Ⅰ线从长治侧停电。

（9）南阳站长南Ⅰ线由热备用转冷备用。

（10）长治站长南Ⅰ线由热备用转冷备用。

（11）长治站、南阳站长南Ⅰ线串补由特殊热备用转冷备用。

E.4.2.2　南荆Ⅰ线停电

（1）通知华中分中心：南荆Ⅰ线准备停电。

（2）南阳站南荆Ⅰ线串补由运行转特殊热备用。

（3）查：荆门站500kV母线电压不超过538kV。

（4）查：南阳站500kV母线电压不超过538kV。

（5）南阳站T022、T023开关依次转热备用，南荆Ⅰ线从南阳站解环。

（6）查：荆门站500kV母线电压不超过538kV。

（7）荆门站T022、T021开关依次转热备用，南荆Ⅰ线从荆门侧停电。

（8）南阳站南荆Ⅰ线由热备用转冷备用。

（9）荆门站南荆Ⅰ线由热备用转冷备用。

（10）南阳站南荆Ⅰ线串补由特殊热备用转冷备用。

E.4.2.3　荆门站 1000kV #1 主变停电

（1）许可：荆门站低容、低抗转热备用，荆门站转移#1 主变所带站用负荷。

（2）查：荆门站 500kV 母线电压不超过 538kV。

（3）荆门站#1 主变 110kV 侧由运行转热备用。

（4）荆门站#1 主变 1000kV 侧由运行转热备用。

（5）荆门站#1 主变 500kV 侧由运行转热备用，荆门站#1 主变停电。

（6）荆门站#1 主变由热备用转冷备用（荆门站 5011、5012 开关，1101、1102 开关，T011、T012 开关依次热备用转冷备用）。

E.4.3　1000kV 串补操作典型流程

E.4.3.1　南阳站长南Ⅰ线串补转运行（长南Ⅰ线运行，长治站长南Ⅰ线串补在停运状态，长南Ⅰ线失步快速解列装置在执行串补全退定值，长南Ⅰ线保护在执行串补停运方式定值）

（1）长南Ⅰ线由运行转冷备用。

（2）南阳站长南Ⅰ线失步快速解列装置 1 执行单侧串补退出定值。

（3）长治站长南Ⅰ线失步快速解列装置 1 执行单侧串补退出定值。

（4）南阳站长南Ⅰ线失步快速解列装置 2 执行单侧串补退出定值。

（5）长治站长南Ⅰ线失步快速解列装置 2 执行单侧串补退出定值。

（6）南阳站长南Ⅰ线分相电流差动保护 1 执行串补投运方

式定值。

（7）长治站长南Ⅰ线分相电流差动保护 1 执行串补投运方式定值。

（8）南阳站长南Ⅰ线分相电流差动保护 2 执行串补投运方式定值。

（9）长治站长南Ⅰ线分相电流差动保护 2 执行串补投运方式定值。

（10）南阳站长南Ⅰ线串补由冷备用转特殊热备用。

（11）长南Ⅰ线由冷备用转运行。

（12）南阳站长南Ⅰ线串补由特殊热备用转运行。

E.4.3.2 南阳站长南Ⅰ线串补转运行（长南Ⅰ线运行，长治站长南Ⅰ线串补在运行状态，长南Ⅰ线失步快速解列装置在执行单侧串补退出定值，长南Ⅰ线保护在执行串补投运方式定值）

（1）长治站长南Ⅰ线串补由运行转特殊热备用。

（2）长南Ⅰ线由运行转冷备用。

（3）南阳站长南Ⅰ线失步快速解列装置 1 执行串补全投定值。

（4）长治站长南Ⅰ线失步快速解列装置 1 执行串补全投定值。

（5）南阳站长南Ⅰ线失步快速解列装置 2 执行串补全投定值。

（6）长治站长南Ⅰ线失步快速解列装置 2 执行串补全投定值。

（7）南阳站长南Ⅰ线串补由冷备用转特殊热备用。

（8）长南Ⅰ线由冷备用转运行。

（9）长治站、南阳站长南Ⅰ线串补由特殊热备用转运行。

E.4.3.3　南阳站长南Ⅰ线串补停运（长南Ⅰ线运行，长治站长南Ⅰ线串补保持运行状态，长南Ⅰ线失步快速解列装置在执行串补全投定值，长南Ⅰ线保护在执行串补投运方式定值）

（1）长治站、南阳站长南Ⅰ线串补由运行转特殊热备用。

（2）长南Ⅰ线由运行转冷备用。

（3）南阳站长南Ⅰ线串补由特殊热备用转冷备用。

（4）南阳站长南Ⅰ线失步快速解列装置 1 执行单侧串补退出定值。

（5）长治站长南Ⅰ线失步快速解列装置 1 执行单侧串补退出定值。

（6）南阳站长南Ⅰ线失步快速解列装置 2 执行单侧串补退出定值。

（7）长治站长南Ⅰ线失步快速解列装置 2 执行单侧串补退出定值。

（8）长南Ⅰ线由冷备用转运行。

（9）长治站长南Ⅰ线串补由特殊热备用转运行。

E.4.3.4　南阳站长南Ⅰ线串补停运（长南Ⅰ线运行，长治站长南Ⅰ线串补在停运状态，长南Ⅰ线失步解列装置在执行单侧串补退出定值，长南Ⅰ线保护在执行串补投运方式定值）

（1）南阳站长南Ⅰ线串补由运行转特殊热备用。

（2）长南Ⅰ线由运行转冷备用。

（3）南阳站长南Ⅰ线串补由特殊热备用转冷备用。

（4）南阳站长南Ⅰ线失步快速解列装置 1 执行串补全退定值。

（5）长治站长南Ⅰ线失步快速解列装置 1 执行串补全退定值。

（6）南阳站长南Ⅰ线失步快速解列装置 2 执行串补全退定值。

（7）长治站长南Ⅰ线失步快速解列装置 2 执行串补全退定值。

（8）南阳站长南Ⅰ线分相电流差动保护 1 执行串补停运方式定值。

（9）长治站长南Ⅰ线分相电流差动保护 1 执行串补停运方式定值。

（10）南阳站长南Ⅰ线分相电流差动保护 2 执行串补停运方式定值。

（11）长治站长南Ⅰ线分相电流差动保护 2 执行串补停运方式定值。

（12）长南Ⅰ线由冷备用转运行。

注1：长南Ⅰ线、南荆Ⅰ线线路保护定值有两个区间，为"串补投运方式"和"串补停运方式"定值区。长南Ⅰ线单侧串补投运、双侧串补投运方式均属于长南Ⅰ线"串补投运方式"定值区，南荆Ⅰ线串补 20%和40%方式均属于南荆Ⅰ线"串补投运方式"定值区。线路串补全停时，线路保护应处于"串补停运方式"定值区。

注2：长南Ⅰ线、南荆Ⅰ线失步快速解列装置定值有三个区间，为"串补全退""单［侧|个］串补退出"和"串补全投"定值区。长南Ⅰ线两侧串补退出方式和南荆Ⅰ线串补全退方式属于线路"串补全退"定值区，长南Ⅰ线单侧串补投运方式和南荆Ⅰ线串补 20%方式属于线路"单［侧|个］串补退出"定值区，长南Ⅰ线两侧串补投运方式和南荆Ⅰ线串补 40%方式属于线路"串补全投"定值区。

E.5 500kV 林江Ⅰ、Ⅱ线串抗操作流程

E.5.1 线路操作典型流程

E.5.1.1 林江Ⅰ（Ⅱ）线带串抗停运（串抗转检修）

（1）林江Ⅰ（Ⅱ）线由运行转冷备用。

（2）江陵站林江Ⅰ（Ⅱ）线串抗由运行转检修。

E.5.1.2 林江Ⅰ（Ⅱ）线带串抗转运行

（1）查：团林站、江陵站林江Ⅰ（Ⅱ）线分相电流差动保护1（2）均执行串抗投运定值。

（2）江陵站林江Ⅰ（Ⅱ）线串抗由检修转运行。

（3）林江Ⅰ（Ⅱ）线由冷备用转运行。

E.5.1.3 林江Ⅰ（Ⅱ）线不带串抗停运

（1）林江Ⅰ（Ⅱ）线由运行转冷备用。

E.5.1.4 林江Ⅰ（Ⅱ）线不带串抗转运行

（1）查：团林站、江陵站林江Ⅰ（Ⅱ）线分相电流差动保护1（2）均执行串抗停运定值。

（2）林江Ⅰ（Ⅱ）线由冷备用转运行。

E.5.2 串抗操作典型流程

E.5.2.1 林江Ⅰ（Ⅱ）线串抗停运

（1）林江Ⅰ（Ⅱ）线由运行转冷备用。

（2）江陵站林江Ⅰ（Ⅱ）线串抗由运行转冷备用。

（3）团林站、江陵站林江Ⅰ（Ⅱ）线分相电流差动保护1（2）执行串抗停运定值。

（4）林江Ⅰ（Ⅱ）线由冷备用转运行。

E.5.2.2 林江Ⅰ（Ⅱ）线串抗转运行

（1）林江Ⅰ（Ⅱ）线由运行转冷备用。

（2）团林站、江陵站林江Ⅰ（Ⅱ）线分相电流差动保护1（2）执行串抗投运定值。

（3）江陵站林江Ⅰ（Ⅱ）线串抗由冷备用转运行。

（4）林江Ⅰ（Ⅱ）线由冷备用转运行。

E.6 灵宝站 330kV #1M 母及灵灵线操作流程

E.6.1 灵宝站 330kV #1M 母及灵灵线转运行，3301 开关冷备用。

（1）灵宝站 3311、3312 开关由冷备用转热备用。

（2）灵宝站 3302 开关由冷备用转热备用。

（3）灵宝站灵灵线 3311 开关由热备用转运行。

（4）灵宝站 3312 开关由热备用转运行。

（5）灵宝站灵灵线 3302 开关由热备用转运行。

注：操作前，现场需核实 330kV #1M 母，330kV 灵灵线，3302、3311、3312 开关的相应保护装置均已投入，330kV #1M 母，330kV 灵灵线，3302、3311、3312 开关的相关接地刀闸均已拉开，安全措施已拆除。

E.6.2 灵宝站 330kV #1M 母及灵灵线停运

（1）核：灵宝直流单元Ⅰ已停运，3301 开关冷备用或检修。

（2）许可：灵宝站 330kV #1M 母所接交流滤波器（并联电容器、并联电抗器）转冷备用。

（3）灵宝站灵灵线 3302 开关由运行转热备用。

（4）灵宝站 3312 开关由运行转冷备用。

（5）灵宝站灵灵线 3311 开关由运行转热备用。

（6）灵宝站 3311 开关由热备用转冷备用。

（7）灵宝站 3302 开关由热备用转冷备用。

注：操作后，现场根据国调停电工作票或紧急抢修申请单的批复内容合上 330kV #1M 母，330kV 灵灵线，3302、3311、3312 开关的接地刀闸，退出 330kV #1M 母，330kV 灵灵线，3302、3311、3312 开关的保护装置。

E.7 无人值守变电站计划停送电设备倒闸操作流程

E.7.1 计划停送电计划停送电设备倒闸操作流程图如下图

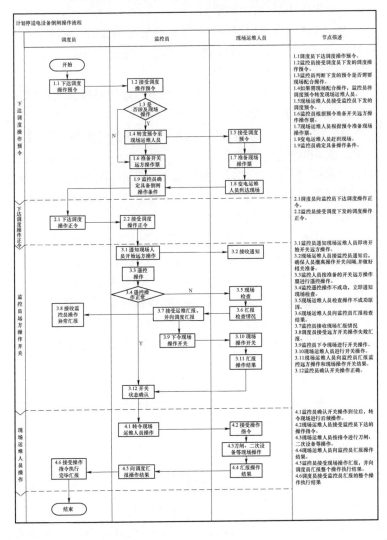

E.7.2 远方操作相关典型操作票及操作流程

E.7.2.1 线路转检修（以月锦Ⅰ线转检修为例）

（1）国调下令锦屏站：锦屏站月锦Ⅰ线由运行转热备用，锦屏站操作完成后向国调回令。

（2）国调下令四川监控：月城站月锦Ⅰ线由运行转热备用。四川监控接到指令后，准备监控操作票后进行开关远方操作，操作完成后四川监控向国调回令。

（3）国调下令锦屏站：月锦Ⅰ线由热备用转冷备用，锦屏站操作完成后向国调回令。

（4）国调下令四川监控：月城站月锦Ⅰ线由热备用转冷备用。四川监控接到操作指令后，将此操作下令至现场运维人员操作，现场操作完成后向四川监控回令，四川监控再向国调回令。

（5）国调下令锦屏站：锦屏站月锦Ⅰ线由冷备用转检修，锦屏站操作完成后向国调回令。

（6）国调下令四川监控：月城站月锦Ⅰ线由冷备用转检修。四川监控接到操作指令后，将此操作下令至现场运维人员操作，现场操作完成后向四川监控回令，四川监控再向国调回令。

E.7.2.2 母线计划停运（以斗笠站#1M 转冷备用为例）

（1）国调下令湖北监控：斗笠站 500kV #1M 母由运行转热备用。湖北监控接到指令后，准备监控操作票后进行开关远方操作，操作完成后湖北监控向国调回令。

（2）国调下令湖北监控：斗笠站 500kV #1M 母由热备用转冷备用。湖北监控接到操作指令后，将此操作下令至现场运维人员操作，现场操作完成后向湖北监控回令，湖北监控再向国调回令。

E.8 极开路试验（OLT）典型流程

E.8.1 不带线路 OLT 试验（以极Ⅰ为例）

E.8.1.1 国调下令将××站极Ⅰ转为不带线路 OLT 试验状态

（特高压直流转为［双|高端|低端］换流器不带线路 OLT 试验状态）。

E.8.1.2　国调许可××站进行极 I 不带线路 OLT 试验。

E.8.1.3　××站按照站内规程进行极 I 不带线路 OLT 试验。自动模式下试验失败时，经国调许可后转为手动模式重新试验。试验成功后退出 OLT 试验模式。

E.8.1.4　××站向国调汇报极 I 不带线路 OLT 试验结论，国调安排后续直流系统运行方式。

E.8.2　带线路 OLT 试验（以极 I 为例）

E.8.2.1　国调核实对侧换流站极 I 线路在冷备用状态。如果线路在检修状态，国调在确认线路具备送电条件后下令两端换流站极 I 线路转至冷备用；如果对侧换流站极 I 线路在运行状态，国调许可对侧换流站拉开 05105 刀闸（葛南直流为 05106 刀闸，银东直流为 06105 刀闸）。

E.8.2.2　国调下令××站极 I 转为带线路 OLT 试验状态或 GR 热备用（特高压直流转为［双|高端|低端］换流器带线路 OLT 试验状态）。

E.8.2.3　国调许可××站进行极 I 带线路 OLT 试验。

E.8.2.4　××站按照站内规程进行极 I 带线路 OLT 试验。自动模式下试验失败时，经国调许可后转为手动模式重新试验；试验成功后退出 OLT 试验模式。

E.8.2.5　××站向国调汇报极 I 带线路 OLT 试验结论，国调安排后续直流系统运行方式。

E.8.3　背靠背系统 OLT 试验（以单元 I 为例）

E.8.3.1　国调下令××站单元 I 转为××侧 OLT 试验状态。

E.8.3.2　国调许可××站进行单元 I××侧 OLT 试验。

E.8.3.3　××站按照站内规程进行单元 I××侧 OLT 试验。自动模式下试验失败时，经国调许可后转为手动模式重新试验；试验成功后退出 OLT 试验模式。

E.8.3.4　××站向国调汇报单元Ⅰ××侧 OLT 试验结论，国调安排后续直流系统运行方式。

E.9　交流线路融冰操作流程

（1）国调下令将相应线路两侧转为融冰状态。

（2）国调许可进行相应线路融冰工作。

（3）融冰工作结束后，国调下令将相应线路两侧转为冷备用状态。

（4）国调与现场核实线路融冰刀闸及融冰短接刀闸已可靠断开并锁死。

（5）国调视情况恢复相应线路。

E.10　直流输电系统融冰运行操作流程

E.10.1　龙政直流循环融冰运行操作流程
E.10.1.1　直流循环融冰方式转运行

（1）国调核实三峡左岸电厂合母方式。

（2）国调核实直流双极转为大地回线热备用状态。

（3）国调核实直流主控站为龙泉站。

（4）国调下令退出龙泉站安控装置 1、2，按规定退出相关安控通道。

（5）国调核实政平站直流站控系统最后断路器跳闸功能中低电流判据已退出。

（6）龙泉站核实直流具备循环融冰方式运行条件后向国调申请启动操作。

（7）国调通知相关分中心并下令直流按循环融冰方式转运行。

（8）国调许可双极直流电流升至目标电流值。

E.10.1.2　直流循环融冰方式停运

（1）国调许可双极直流电流降至运行最小电流值。

（2）国调通知相关分中心并下令直流按循环融冰方式停运。

（3）国调许可直流由循环融冰方式转为正常方式。

（4）龙泉站核实直流恢复正常方式后向国调申请后续操作。

（5）国调下令投入龙泉站安控装置1、2，按规定投入相关安控通道。

（6）国调核实政平站直流站控系统最后断路器跳闸功能中低电流判据已投入。

（7）国调视情况转换直流主控站。

E.10.2　宜华直流循环融冰运行操作流程

E.10.2.1　直流循环融冰方式转运行

（1）国调核实三峡右岸电厂合母方式。

（2）国调核实直流双极转为大地回线热备用状态。

（3）国调核实直流主控站为宜都站。

（4）国调下令退出宜都站安控装置1、2，按规定退出相关安控通道。

（5）国调核实华新站直流站控系统最后断路器跳闸功能中低电流判据已退出。

（6）宜都站核实直流具备循环融冰方式运行条件后向国调申请启动操作。

（7）国调通知相关分中心并下令直流按循环融冰方式转运行。

（8）国调许可双极直流电流升至目标电流值。

E.10.2.2　直流循环融冰方式停运

（1）国调许可双极直流电流降至运行最小电流值。

（2）国调通知相关分中心并下令直流按循环融冰方式停运。

（3）国调许可直流由循环融冰方式转为正常方式。

（4）宜都站核实直流恢复正常方式后向国调申请后续操作。

（5）国调下令投入宜都站安控装置1、2，按规定投入相关安控通道。

（6）国调核实华新站直流站控系统最后断路器跳闸功能中低电流判据已投入。

（7）国调视情况转换直流主控站。

E.10.3 林枫直流循环融冰运行操作流程

E.10.3.1 直流循环融冰方式转运行

（1）国调核实直流双极转为大地回线热备用状态。

（2）国调核实直流主控站为团林站。

（3）国调下令退出团林站安控装置1、2，按规定退出相关安控通道。

（4）团林站核实直流具备循环融冰方式运行条件后向国调申请启动操作。

（5）国调通知相关分中心并下令直流按循环融冰方式转运行。

（6）国调许可双极直流电流升至目标电流值。

E.10.3.2 直流循环融冰方式停运

（1）国调许可双极直流电流降至运行最小电流值。

（2）国调通知相关分中心并下令直流按循环融冰方式停运。

（3）国调许可直流由循环融冰方式转为正常方式。

（4）团林站核实直流恢复正常方式后向国调申请后续操作。

（5）国调下令投入团林站安控装置1、2，按规定投入相关安控通道。

（6）国调视情况转换直流主控站。

E.10.4 江城直流循环融冰运行操作流程

E.10.4.1 直流循环融冰方式转运行

（1）国调核实直流双极转为大地回线热备用状态。

（2）国调核实直流主控站为江陵站。

（3）国调下令退出江陵站安控装置1、2，退出鹅城站三峡安控装置1、2，按规定退出相关安控通道。

（4）国调通知南方总调鹅城站三峡安控装置已退出。

（5）国调核实鹅城站直流站控系统最后断路器跳闸功能中低电流判据已退出。

（6）江陵站核实直流具备循环融冰方式运行条件后向国调申请启动操作。

（7）国调通知南方总调、华中分中心并下令直流按循环融冰方式转运行。

（8）国调许可双极直流电流升至目标电流值。

E.10.4.2 直流循环融冰方式停运

（1）国调许可双极直流电流降至运行最小电流值。

（2）国调通知南方总调、华中分中心并下令直流按循环融冰方式停运。

（3）国调许可直流由循环融冰方式转为正常方式。

（4）江陵站核实直流恢复正常方式后向国调申请后续操作。

（5）国调向南方总调核实博罗站安控装置已投入。

（6）国调下令投入江陵站安控装置 1、2，投入鹅城站三峡安控装置 1、2，按规定投入相关安控通道。

（7）国调核实鹅城站直流站控系统最后断路器跳闸功能中低电流判据已投入。

（8）国调视情况转换直流主控站。

E.10.5 德宝直流循环融冰运行操作流程

E.10.5.1 直流循环融冰方式转运行

（1）国调核实直流双极转为大地回线热备用状态。

（2）国调核实直流主控站为宝鸡站。

（3）西北分中心根据德宝直流循环融冰运行方式自行调整宝鸡站安控装置 1、2 后汇报国调。

（4）国调下令退出德阳站安控装置 1、2，按规定退出相关安控通道。

（5）宝鸡站核实直流具备循环融冰方式运行条件后向国调申请启动操作。

（6）国调通知相关分中心并下令直流按循环融冰方式转运行。

（7）国调许可双极直流电流升至目标电流值。

E.10.5.2　直流循环融冰方式停运

（1）国调许可双极直流电流降至运行最小电流值。

（2）国调通知相关分中心并下令直流按循环融冰方式停运。

（3）国调许可直流由循环融冰方式转为正常方式。

（4）宝鸡站核实直流恢复正常方式后向国调申请后续操作。

（5）西北分中心自行恢复宝鸡站安控装置1、2后汇报国调。

（6）国调下令投入德阳站安控装置1、2，按规定投入相关安控通道。

（7）国调视情况转换直流主控站。

E.10.6　银东直流循环融冰运行操作流程

E.10.6.1　直流循环融冰方式转运行

（1）国调核实直流双极转为大地回线热备用状态。

（2）国调核实直流主控站为银川东站。

（3）西北分中心根据银东直流循环融冰运行方式自行调整银川东站安控装置1、2后汇报国调。

（4）国调下令退出胶东站银东安控装置1、2，按规定退出相关安控通道。

（5）银川东站核实直流具备循环融冰方式运行条件后向国调申请启动操作。

（6）国调通知相关分中心并下令直流按循环融冰方式转运行。

（7）国调许可双极直流电流升至目标电流值。

E.10.6.2　直流循环融冰方式停运

（1）国调许可双极直流电流降至运行最小电流值。

（2）国调通知相关分中心并下令直流按循环融冰方式停运。

（3）国调许可直流由循环融冰方式转为正常方式。

（4）银川东站核实直流恢复正常方式后向国调申请后续操作。

（5）西北分中心自行恢复银川东站安控装置 1、2 后汇报国调。

（6）国调下令投入胶东站银东安控装置 1、2，按规定投入相关安控通道。

（7）国调视情况转换直流主控站。

E.10.7　特高压直流并联融冰运行操作流程

E.10.7.1　特高压××直流并联融冰方式转运行

（1）国调接到运维单位融冰申请，通知相关分、省调后，下令将××直流相应极系统转检修状态。

（2）国调通知换流站将启用××直流并联融冰方式并核实 [复龙|锦屏|宜宾站|祁连站] 为主控站。

（3）国调核实并调整××直流安控装置。

（4）国调许可换流站进行人工更改接线工作。

（5）相应极系统转至并联融冰方式接线方式后，主控站值班员向国调申请启动操作。

（6）国调通知相关分中心后，下令××直流按并联融冰方式转运行。

（7）国调许可双极直流电流升至目标电流值。

E.10.7.2　特高压××直流并联融冰方式停运

（1）国调接到运维单位融冰工作完毕汇报和转正常方式申请，并通知相关分中心后，国调许可双极直流电流降至运行最小电流值。

（2）国调通知相关分中心并下令直流按并联融冰方式停运，并转为检修状态。

（3）国调许可换流站进行人工更改接线工作。

（4）现场运行值班人员将相应极系统转至正常方式接线后，

向国调申请后续操作。

（5）国调视情况调整××直流相关安控装置及主控站。

E.11 共用接地极操作流程

E.11.1 林枫、葛南、龙政直流共用接地极相关操作流程

E.11.1.1 共用接地极站内部分运行转检修操作流程

××站××直流接地极站内部分由运行转检修。

注：相应接地极线路应在冷备用及以下状态。

E.11.1.2 共用接地极站内部分检修转运行操作流程

××站××直流接地极站内部分由检修转运行。

E.11.1.3 接地极线路运行转检修操作流程

（1）××站××直流接地极站内部分由运行转冷备用。

（2）拉开××直流××侧接地极线路××刀闸。

（3）××直流××侧接地极线路××接地极侧加装安全措施。

（4）××直流××侧接地极线路由冷备用转检修。

注：步骤（1）（2）（4）涉及的相关操作由国调中心下令至相应换流站。步骤（3）涉及的相关操作，由国调中心下令至国网上海市电力公司检修公司检修（抢修）指挥中心或国网湖北省电力有限公司检修公司变电检修中心。

E.11.1.4 接地极线路检修转运行操作流程

（1）××直流××侧接地极线路由检修转冷备用。

（2）××直流××侧接地极线路××接地极侧拆除安全措施。

（3）合上××直流××侧接地极线路××刀闸。

（4）××站××直流接地极站内部分由冷备用转运行。

注：步骤（1）（3）（4）涉及的相关操作由国调中心下令至相应换流站。步骤（2）涉及的相关操作，由国调中心下令至国网上海市电力公司检修公司检修（抢修）指挥中心或国网湖北省电力有限公司检修公司变电

检修中心。

E.11.2　复奉、宾金直流共用接地极相关操作流程

E.11.2.1　共用接地极站内部分运行转检修操作流程

（1）××站××直流接地极站内部分由运行转冷备用。

（2）××直流××侧接地极线路共乐接地极侧隔离引线断引。

（3）××站××直流接地极站内部分由冷备用转检修。

注：步骤（1）（2）（3）涉及的相关操作，由国调中心下令至相应换流站。

E.11.2.2　共用接地极站内部分检修转运行操作流程

（1）××站××直流接地极站内部分由检修转冷备用。

（2）××直流××侧接地极线路共乐接地极侧隔离引线接引。

（3）××站××直流接地极站内部分由冷备用转运行。

注：步骤（1）（2）（3）涉及的相关操作，由国调中心下令至相应换流站。

E.11.2.3　接地极线路运行转冷备用操作流程

（1）××站××直流接地极站内部分由运行转冷备用。

（2）××直流××侧接地极线路共乐接地极侧隔离引线断引。

注：步骤（1）（2）涉及的相关操作，由国调中心下令至相应换流站。

E.11.2.4　接地极线路冷备用转运行操作流程

（1）××直流××侧接地极线路共乐接地极侧隔离引线接引。

（2）××站××直流接地极站内部分由冷备用转运行。

注：步骤（1）（2）涉及的相关操作，由国调中心下令至相应换流站。

E.11.2.5　接地极线路运行转检修操作流程

（1）××站××直流接地极站内部分由运行转冷备用。

（2）××直流××侧接地极线路共乐接地极侧隔离引线

断引。

（3）××直流××侧接地极线路共乐接地极侧加装安全措施。

（4）××直流××侧接地极线路由冷备用转检修（宾金直流）。

××直流××侧接地极线路换流站侧加装安全措施（复奉直流）。

注：步骤（1）（2）涉及的相关操作及步骤（4）涉及宾金直流的操作，由国调中心下令至相应换流站。步骤（3）涉及的相关操作及步骤（4）涉及复奉直流的操作，由国调中心下令至国网四川省电力公司检修公司。

E.11.2.6 接地极线路检修转运行操作流程

（1）××直流××侧接地极线路由检修转冷备用（宾金直流）。

××直流××侧接地极线路换流站侧拆除安全措施（复奉直流）。

（2）××直流××侧接地极线路共乐接地极侧拆除安全措施。

（3）××直流××侧接地极线路共乐接地极侧隔离引线接引。

（4）××站××直流接地极站内部分由冷备用转运行。

注：步骤（3）（4）涉及的相关操作及步骤（1）涉及宾金直流的操作，由国调中心下令至相应换流站。步骤（2）涉及的相关操作及步骤（1）涉及复奉直流的操作，由国调中心下令至国网四川省电力公司检修公司。

附录 F 柔直系统状态定义和典型操作

F.1 柔直系统状态定义

F.1.1 施州直流单元状态表

序号	单元Ⅰ设备编号	单元Ⅱ设备编号	检修		冷备用		热备用		运行		西南侧OLT试验		华中侧OLT试验	
			合上	拉开	合上	拉开	合上	拉开	合上	拉开	合上	拉开	合上	拉开
1	50121	50221		*		*	■		■		■			*
2	5012	5022		*		*	■		■		■			*
3	50122	50222		*		*	■		■		■			*
4	50131	50211		*		*	●		●		●			*
5	5013	5021		*		*	●		●		●			*
6	50132	50212		*		*	●		●		●			*
7	501367	502167	*			*		*		*		*		*
8	0410	0420						*		*		*		*
9	061007	062007	*			*		*		*		*		*
10	06101	—		*		*								
11	051007	052007	*			*		*		*		*		*
12	0510	0520		*		*	*		*		*			*
13	05101	05201		*		*		*		*		*		*
14	05102	05202		*		*	*		*		*			*
15	051017	052017	*			*		*		*		*		*
16	051027	052027	*			*		*		*		*		*
17	051037	052037	*			*		*		*		*		*

续表

序号	单元I设备编号	单元II设备编号	检修		冷备用		热备用		运行		西南侧OLT试验		华中侧OLT试验	
			合上	拉开	合上	拉开	合上	拉开	合上	拉开	合上	拉开	合上	拉开
18	001017	002017	*			*		*		*		*		*
19	001027	002027	*			*		*		*		*		*
20	001037	002037	*			*		*		*		*		*
21	001047	002047	*			*		*		*		*		*
22	001117	002117	*			*		*		*		*		*
23	001127	002127	*			*		*		*		*		*
24	0511	0521		*		*	*		*			*	*	
25	05111	05211		*		*		*		*		*		*
26	05112	05212		*		*	*		*			*	*	
27	051117	052117	*			*		*		*		*		*
28	051127	052127	*			*		*		*		*		*
29	051137	052137	*			*		*		*		*		*
30	051107	052107	*			*		*		*		*		*
31	0411	0421						*		*		*		*
32	061107	062107	*			*		*		*		*		
33	503367	504167	*			*		*		*		*		*
34	50331	50411		*		*	●		●			*		●
35	5033	5041		*		*	●		●			*		●
36	50332	50412		*		*	●		●			*		●
37	50321	50421		*		*	■		■			*		■
38	5032	5042		*		*	■		■			*		■
39	50322	50422		*		*	■		■			*		■

说明："■""●"标识设备至少有一组满足要求。未作特殊说明，两组设备均应满足要求。

F.1.2 宜昌直流单元状态表

序号	所属厂站	单元I设备编号	单元II设备编号	检修		冷备用		热备用		运行		西南侧OLT试验		华中侧OLT试验	
				合上	拉开	合上	拉开	合上	拉开	合上	拉开	合上	拉开	合上	拉开
1	宜昌站	50121	50221		*		*	■		■		■			
2		5012	5022		*		*	■		■		■			
3		50122	50222		*		*	■		■		■			
4		50131	50211		*		*	●		●		●			
5		5013	5021		*		*	●		●		●			
6		50132	50212		*		*	●		●		●			
7		501367	502167	*			*		*		*		*		*
8		0410	0420						*		*		*		*
9		061007	062007	*			*		*		*		*		*
10		—	06201		*		*								
11		051007	052007	*			*		*		*		*		*
12		0510	0520		*		*	*			*	*			*
13		05101	05201		*		*		*		*		*		*
14		05102	05202		*		*	*			*	*			*
15		051017	052017	*			*		*		*		*		*
16		051027	052027	*			*		*		*		*		*
17		051037	052037	*			*		*		*		*		*
18		001017	002017	*			*		*		*		*		*
19		001027	002027	*			*		*		*		*		*
20		001037	002037	*			*		*		*		*		*
21		001047	002047				*		*		*		*		*

续表

序号	所属厂站	单元I设备编号	单元II设备编号	检修 合上	检修 拉开	冷备用 合上	冷备用 拉开	热备用 合上	热备用 拉开	运行 合上	运行 拉开	西南侧OLT试验 合上	西南侧OLT试验 拉开	华中侧OLT试验 合上	华中侧OLT试验 拉开
22	宜昌站	001117	002117	*			*		*		*		*		*
23		001127	002127	*			*		*		*		*		*
24		0511	0521		*	*	*	*		*				*	*
25		05111	05211		*		*		*		*		*		*
26		05112	05212		*	*	*	*		*				*	*
27		051117	052117	*			*		*		*		*		*
28		051127	052127	*			*		*		*		*		*
29		051137	052137	*			*		*		*		*		*
30		051107	052107	*			*		*		*		*		*
31		0411	0421						*		*				*
32		061107	062107	*			*		*		*		*		*
33		511117	521117	*			*		*		*		*		*
34		51111	52111		*	*	*	*		*				*	*
35	龙泉站	502367	504167					*			*				*
36		50231	50311					●		●				●	
37		5023	5031					●		●				●	
38		50232	50312					●		●				●	
39		50221	50321					■		■				■	
40		5022	5032					■		■				■	
41		50222	50322					■		■				■	

　　说明："■""●"标识设备至少有一组满足要求。未作特殊说明，两组设备均应满足要求。

F.1.3 施州直流两侧、宜昌直流西南侧换流变状态表（以施州直流 010B 为例）

序号	设备编号	检修		冷备用		热备用		运行	
		合上	拉开	合上	拉开	合上	拉开	合上	拉开
1	50121		*		*	■		■	
2	5012		*		*		■	■	
3	50122		*		*	■		■	
4	50131		*		*	●		●	
5	5013		*		*		●	●	
6	50132		*		*	●		●	
7	501367	*			*	*			*
8	0410					*			*
9	061007	*			*	*			*
10	06101		*		*				
11	051007	*			*	*			*
12	0510		*		*				
13	05101		*		*				
14	05102		*		*				

　　说明："■""●"标识设备至少有一组满足要求。未作特殊说明，两组设备均应满足要求。

F.1.4 宜昌直流华中侧换流变状态表（以 011B 为例）

序号	所属厂站	设备编号	检修		冷备用		热备用		运行	
			合上	拉开	合上	拉开	合上	拉开	合上	拉开
1		50221					■		■	
2		5022						■	■	
3		50222					■		■	
4	龙泉站	50231					●		●	
5		5023						●	●	
6		50232					●		●	
7		502367						*		*
8		0411						*		*
9		061107	*		*		*			*
10		051107	*		*		*			*
11	宜昌站	511117	*		*		*			*
12		51111		*	*		*		*	
13		0511		*	*					
14		05111		*	*					
15		05112		*	*					

说明："■""●"标识设备至少有一组满足要求。未作特殊说明，两组设备均应满足要求。

F.1.5 施州直流阀组状态表（以单元 I 为例）

序号	设备编号	检修		冷备用	
		合上	拉开	合上	拉开
1	0510		*		*
2	05101		*		*
3	05102		*		*
4	001017	*			*
5	001027	*			*
6	001037	*			*
7	001047	*			*
8	001117	*			*
9	001127	*			*
10	0511		*		*
11	05111		*		*
12	05112		*		*
13	50121		*		*
14	5012		*		*
15	50122		*		*
16	50131		*		*
17	5013		*		*
18	50132		*		*
19	50321		*		*
20	5032		*		*
21	50322		*		*
22	50331		*		*
23	5033		*		*
24	50332		*		*

F.1.6　宜昌直流阀组状态表（以单元Ⅰ为例）

序号	所属厂站	设备编号	检修		冷备用	
			合上	拉开	合上	拉开
1		0511		*		*
2		05111		*		*
3		05112		*		*
4		001117	*			*
5		001127	*			*
6		001037	*			*
7		001047	*			*
8		001017	*			*
9		001027	*			*
10	宜昌站	0510		*		*
11		05101		*		*
12		05102		*		*
13		51111				
14		50121				
15		5012				
16		50122				
17		50131				
18		5013				
19		50132				
20		50221				
21		5022				
22	龙泉站	50222				
23		50231				
24		5023				
25		50232				

F.2　宜昌站、龙泉站配合操作典型流程

F.2.1　宜昌直流转为热备用典型操作流程

（以宜昌直流单元Ⅱ为例，操作前单元Ⅱ冷备用，龙泉站5031、5032 开关合串运行，操作完成后龙泉站 5031、5032运行）

（1）国调下令龙泉站 5031、5032 开关由运行转冷备用。龙泉站退出 5031、5032 开关间短引线保护装置。

（2）国调许可宜昌站投入宜昌直流单元Ⅱ021B 换流变保护。

（3）国调与宜昌站核实宜昌直流单元Ⅱ具备转为热备用条件，下令宜昌站宜昌直流单元Ⅱ转为热备用。

（4）宜昌站顺控操作将宜昌直流单元Ⅱ西南侧转为热备用，合上单元Ⅱ华中侧 05211、52111 刀闸。

（5）宜昌站向国调汇报已做好宜昌直流单元Ⅱ龙泉站侧开关转运行准备。国调下令龙泉站 5031、5032 开关由冷备用转热备用。

（6）国调下令龙泉站 5031、5032 开关由热备用转运行。

（7）宜昌站检测到龙泉站 5031、5032 开关转运行后，顺控自动合上宜昌直流单元Ⅱ华中侧 0521 开关、05212 刀闸，拉开05211 刀闸。

（8）如宜昌站不具备顺控操作条件，步骤（4）（7）可由现场按相应规程要求进行手动操作。

F.2.2　宜昌直流由热备用转为冷备用典型操作流程

（以宜昌直流单元Ⅱ为例，操作前单元Ⅱ热备用，操作完成后龙泉站 5031、5032 开关合串运行）

（1）国调与宜昌站核实宜昌直流单元Ⅱ具备转为冷备用条件，与龙泉站核实 5031、5032 开关具备转冷备用准备。

（2）国调下令宜昌站宜昌直流单元Ⅱ转为冷备用。

（3）宜昌站向国调汇报已做好宜昌直流单元Ⅱ龙泉站侧开关转热备用准备。国调下令龙泉站 5031、5032 开关由运行转热备用。

（4）宜昌站顺控自动拉开宜昌直流单元Ⅱ华中侧 0521 开关。

（5）宜昌站向国调汇报已做好宜昌直流单元Ⅱ龙泉站侧开关转冷备用准备。国调下令龙泉站 5031、5032 开关由热备用转冷备用。

（6）宜昌站检测到龙泉站 5031、5032 开关转冷备用后，顺控自动拉开宜昌直流单元Ⅱ华中侧 52111、05212 刀闸，将单元Ⅱ西南侧转为冷备用。

（7）国调核实宜昌站 52111 刀闸拉开，许可宜昌站退出宜昌直流单元Ⅱ021B 换流变保护。

（8）龙泉站与国调核实宜昌站 52111 刀闸、宜昌直流单元Ⅱ021B 换流变保护状态后，自行投入 5031、5032 开关间短引线保护装置。

（9）国调下令龙泉站 5031、5032 开关由冷备用转运行。

（10）如宜昌站不具备顺控操作条件，步骤（4）（6）可由现场按相应规程要求进行手动操作。

F.2.3　宜昌直流由冷备用转为华中侧 OLT 试验状态典型操作流程

（以宜昌直流单元Ⅱ为例，操作前单元Ⅱ冷备用，龙泉站 5031、5032 开关冷备用；操作完成后龙泉站 5031 开关运行、5032 开关冷备用）

（1）国调与龙泉站核实 5031 开关冷备用，503167 接地刀闸拉开，5031 开关具备转运行条件。

（2）国调与宜昌站核实宜昌直流单元Ⅱ具备转为华中侧 OLT 试验状态条件，下令宜昌站宜昌直流单元Ⅱ转为华中侧 OLT 试验状态。

（3）宜昌站顺控操作合上宜昌直流单元Ⅱ华中侧 05211、52111 刀闸。

（4）宜昌站向国调汇报已做好宜昌直流单元Ⅱ龙泉站侧开关转运行准备。国调下令龙泉站 5031 开关由冷备用转热备用。

（5）国调下令龙泉站 5031 开关由热备用转运行。

（6）宜昌站检测到龙泉站 5031 开关转运行后，顺控自动合上宜昌直流单元Ⅱ华中侧 0521 开关、05212 刀闸，拉开 05211 刀闸。

（7）如宜昌站不具备顺控操作条件，步骤（3）（6）可由现场按相应规程要求进行手动操作。

F.2.4 宜昌直流由华中侧 OLT 试验状态转为冷备用典型操作流程

（以宜昌直流单元Ⅱ为例，操作前单元Ⅱ华中侧 OLT 试验状态，5031、5032 开关运行，操作完成后龙泉站 5031、5032 开关冷备用）

（1）国调与宜昌站核实宜昌直流单元Ⅱ具备转为冷备用条件，与龙泉站核实龙泉站 5031、5032 开关具备转冷备用准备。

（2）国调下令宜昌站宜昌直流单元Ⅱ转为冷备用。

（3）宜昌站向国调汇报已做好宜昌直流单元Ⅱ龙泉站侧开关转热备用准备。国调下令龙泉站 5031、5032 开关由运行转热备用。

（4）宜昌站顺控自动拉开宜昌直流单元Ⅱ华中侧 0521 开关。

（5）宜昌站向国调汇报已做好宜昌直流单元Ⅱ龙泉站侧开关转冷备用准备。国调下令龙泉站 5031、5032 开关由热备用转冷备用。

（6）检测到龙泉站 5031、5032 开关转冷备用后，宜昌站顺控自动拉开宜昌直流单元Ⅱ华中侧 52111、05212 刀闸。

（7）如宜昌站不具备顺控操作条件，步骤（4）（6）可由现场按相应规程要求进行手动操作。

F.2.5　宜昌直流转为热备用典型令

（以宜昌直流单元Ⅱ为例，操作前单元Ⅱ检修，龙泉站 5031、5032 开关合串运行，操作完成后龙泉站 5031、5032 运行）

受令单位	操作令	备注
龙泉站	龙泉站 5031、5032 开关由运行转冷备用	龙泉站 5031、5032 开关间短引线保护装置状态调整由龙泉站按站内规程自行调整
宜昌站	许可：投入宜昌站宜昌直流 021B 换流变保护 A、B、C	
宜昌站	宜昌站宜昌直流单元Ⅱ转为冷备用	
宜昌站	宜昌站宜昌直流单元Ⅱ转为热备用	
龙泉站	龙泉站 5031、5032 开关由冷备用转热备用	宜昌站汇报已做好宜昌直流单元Ⅱ龙泉站侧开关转运行准备后操作
	龙泉站 5031、5032 开关由热备用转运行	

F.2.6　宜昌直流转为检修典型令

（以宜昌直流单元Ⅱ为例，操作前单元Ⅱ热备用，操作完成后龙泉站 5031、5032 开关合串运行）

受令单位	操作令	备注
宜昌站	宜昌站宜昌直流单元Ⅱ转为冷备用	
龙泉站	龙泉站 5031、5032 开关由运行转热备用	宜昌站汇报已做好宜昌直流单元Ⅱ龙泉站侧开关转热备用准备后操作

续表

受令单位	操作令	备注
龙泉站	龙泉站 5031、5032 开关由热备用转冷备用	宜昌站汇报已做好宜昌直流单元 Ⅱ 龙泉站侧开关转冷备用准备后操作
宜昌站	宜昌站宜昌直流单元 Ⅱ 转为检修	
宜昌站	核：宜昌站 52111 刀闸已拉开	
	许可：退出宜昌直流宜昌站 021B 换流变保护 A、B、C	
龙泉站	龙泉站 5031、5032 开关由冷备用转运行	龙泉站 5031、5032 开关间短引线保护装置状态调整由龙泉站按站内规程自行调整，操作前现场应与国调核实宜昌站 52111 刀闸、宜昌站 021B 换流变保护状态

F.2.7　宜昌直流转为华中侧 OLT 试验状态典型令

（以宜昌直流单元 Ⅱ 为例，操作前单元 Ⅱ 冷备用，龙泉站 5031、5032 开关冷备用；操作完成后龙泉站 5031 开关运行、5032 开关冷备用）

受令单位	操作令	备注
宜昌站	宜昌站宜昌直流单元 Ⅱ 转为华中侧 OLT 试验状态	
龙泉站	龙泉站 5031 开关由冷备用转热备用	宜昌站汇报已做好宜昌直流单元 Ⅱ 龙泉站侧开关转运行准备后操作
	龙泉站 5031 开关由热备用转运行	

F.2.8　宜昌直流转为冷备用典型令

（以宜昌直流单元 Ⅱ 为例，操作前单元 Ⅱ 华中侧 OLT 试验状态，操作完成后龙泉站 5031、5032 开关冷备用）

251

受令单位	操作令	备注
宜昌站	宜昌站宜昌直流单元Ⅱ转为冷备用	
龙泉站	龙泉站 5031、5032 开关由运行转热备用	宜昌站汇报已做好宜昌直流单元Ⅱ龙泉站侧开关转热备用准备后操作
龙泉站	龙泉站 5031、5032 开关由热备用转冷备用	宜昌站汇报已做好宜昌直流单元Ⅱ龙泉站侧开关转冷备用准备后操作

附录G 特高压直流输电系统常用术语

注：以宾金直流为例

（1）极系统：端对端直流系统中连接整流换流站和逆变换流站站内交流母线的一套能量传输系统，包括换流器、平波电抗器、直流滤波器、直流线路和接地极系统。宾金直流极Ⅰ系统如图。

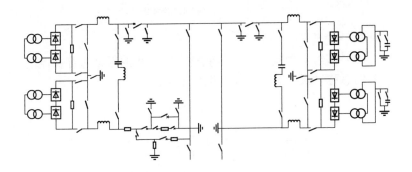

（2）极：除直流线路、接地极系统外，极系统在换流站内的部分。

（3）换流器：将直流转换成交流或将交流转换成直流的系统设备总称为换流器单元，一般指换流变和对应阀组的总称，简称换流器。极Ⅰ高、低端换流器如下图。

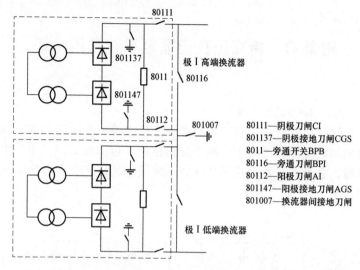

80111—阴极刀闸CI
801137—阴极接地刀闸CGS
8011—旁通开关BPB
80116—旁通刀闸BPI
80112—阳极刀闸AI
801147—阳极接地刀闸AGS
801007—换流器间接地刀闸

（4）阀组：由星侧桥与角侧桥串联组成的用来进行换流的设备的总称。极Ⅰ高、低端阀组如下图。

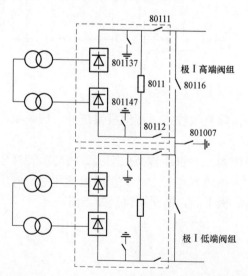

（5）极母线：连接换流器与直流线路的设备。极Ⅰ母线如下图。

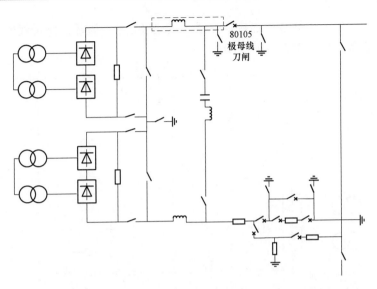

（6）直流线路：直流输电系统中连接不同换流站极母线刀闸（或线路刀闸）之间的线路。极Ⅰ线路如下图。

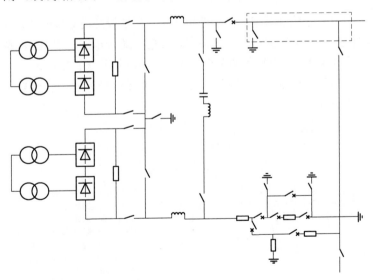

（7）中性线：连接换流器与接地极系统、直流旁路母线的设备。极Ⅰ中性线如下图。

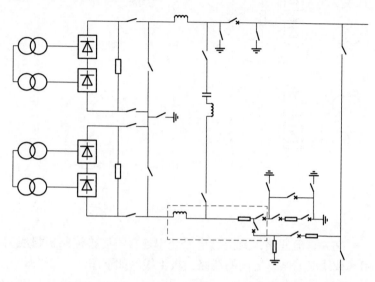

（8）接地极系统：由接地极线路、接地极及换流站内金属回线转换开关等设备组成的直流接地系统，在直流电路与大地之间提供低阻通路。相近位置的多个换流站之间可共用一个接地极。

非共用接地极（以锦苏直流西南侧接地极为例，含金属回线转换部分）：

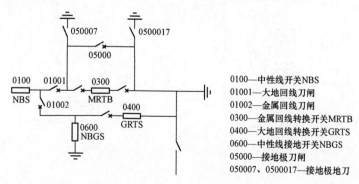

0100—中性线开关NBS
01001—大地回线刀闸
01002—金属回线刀闸
0300—金属回线转换开关MRTB
0400—大地回线转换开关GRTS
0600—中性线接地开关NBGS
05000—接地极刀闸
050007、0500017—接地极地刀

共用接地极（以复奉、宾金直流西南侧共乐接地极为例）：

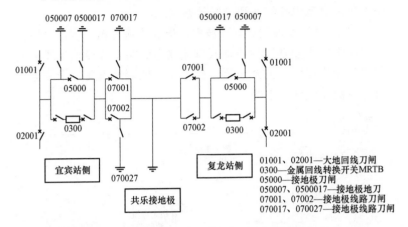

宜宾站侧

070027

共乐接地极

复龙站侧

01001、02001—大地回线刀闸
0300—金属回线转换开关MRTB
05000—接地极刀闸
050007、0500017—接地极地刀
07001、07002—接地极线路刀闸
070017、070027—接地极线路刀闸

（9）旁路线：两极旁路刀闸与大地回线转换开关、刀闸。极 I 旁路线如下图。

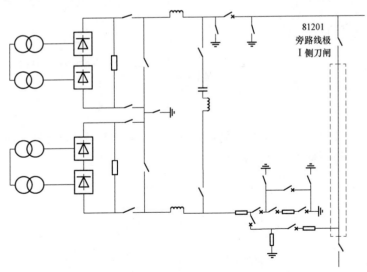

81201
旁路线极
I 侧刀闸

（10）换流变：连接交流系统和换流阀的变压器，用于在交流母线和换流阀间传输能量。

（11）平波电抗器：极母线上与换流阀串联的电抗器。主要用于平滑直流电流纹波和降低暂态电流。

（12）直流滤波器：与平波电抗器和直流冲击电容器（如有时）配合，主要功能用于降低直流输电线路上或接地极线路上的电流或电压波动的滤波器。极Ⅰ高、低端换流变，平波电抗器，直流滤波器如下图。

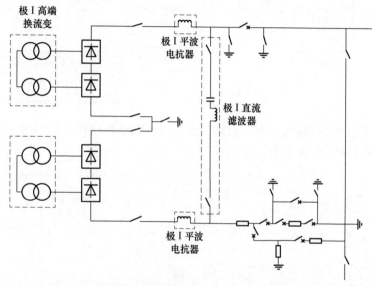

（13）换流变中性点隔直装置：接入换流变中性点接地回路用于隔离直流回路的装置。

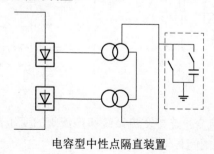

电容型中性点隔直装置

258

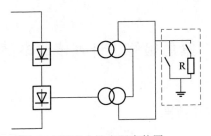

电阻型中性点隔直装置

附录 H 紧急检修、计划修改申请等表单

H.1 紧急检修申请单

紧急检修申请单

<table>
<tr><td rowspan="13">申请内容</td><td>申请单位</td><td></td><td>申请人</td><td></td><td>联系电话</td><td></td></tr>
<tr><td>工作单位</td><td></td><td>工作类别</td><td colspan="3">紧急检修</td></tr>
<tr><td>停电设备及状态</td><td colspan="5"></td></tr>
<tr><td>停电设备名称</td><td colspan="3"></td><td>电压等级</td><td></td></tr>
<tr><td>停电设备类型</td><td colspan="3"></td><td>设备管辖</td><td></td></tr>
<tr><td>申请工作时间</td><td colspan="3"></td><td>是否紧急抢修</td><td></td></tr>
<tr><td>紧急抢修
必要性说明</td><td colspan="5">（1）现场申请运行设备停电进行紧急检修时，必须说明工作必要性，并明确该设备继续运行是否有跳闸风险。
（2）现场申请故障停运设备紧急抢修时，也必须说明工作必要性。
（3）若勾选非紧急抢修，调度台有权要求按计划检修流程处置</td></tr>
<tr><td>工作内容</td><td colspan="5"></td></tr>
<tr><td>保护要求</td><td colspan="5"></td></tr>
<tr><td>稳定、安控要求</td><td colspan="5"></td></tr>
<tr><td>安全措施</td><td colspan="5"></td></tr>
<tr><td>恢复运行要求</td><td colspan="5">需明确设备恢复运行前是否需要进行试验</td></tr>
<tr><td>备注</td><td colspan="5">需明确对正常运行设备有无影响及其他需要说明的内容</td></tr>
</table>

H.2 计划调整申请单（分中心适用）

计划调整申请

国调中心：

由于×××（原因），导致××电网××省（区、市）××
×（运行情况）。

**目前××电网所有调整方法已经用尽，考虑电网运行安全，
特此申请调整××直流送电功率。**

此申请书可供相关监管机构备案。

××分中心

（分中心盖章）

H.3 计划调整申请单（电厂适用）

计划修改申请单

<table>
<tr><td rowspan="8">申请内容</td><td>申请单位</td><td></td><td>申请人</td><td></td><td>联系电话</td><td></td></tr>
<tr><td>设备管辖</td><td></td><td>工作类别</td><td colspan="3">计划修改</td></tr>
<tr><td rowspan="4">修改原因</td><td colspan="5">水电：□水头□来水□航运□辅机异常□主设备异常□其他</td></tr>
<tr><td colspan="5">火电：□辅机异常□主设备异常□背压高□其他</td></tr>
<tr><td colspan="5">详细说明：</td></tr>
<tr><td colspan="5"></td></tr>
<tr><td>修改时段及功率</td><td colspan="5"></td></tr>
<tr><td>稳定、安控要求</td><td colspan="5"></td></tr>
</table>

<table>
<tr><td>备注</td><td>其他需要说明的内容</td></tr>
</table>

（设备管理单位公章）

（申请时间）

注："设备管理单位公章"为发电厂公章。